U0772992

西方现代主义建筑大师理论研究丛书 ——"秩序与建造"系列

"有机"的秩序与"材料的本性"

Organic Order and the Nature of Material——Frank Lloyd Wright

—— 弗兰克·劳埃德·赖特

汤凤龙　著

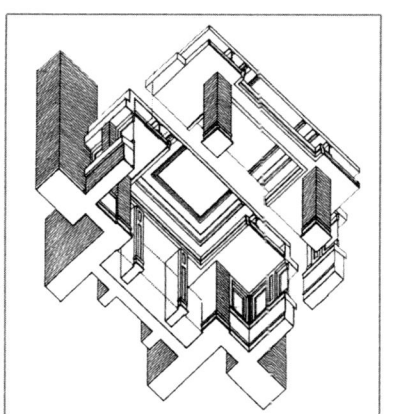

中国建筑工业出版社

CHINA ARCHITECTURE & BUILDING PRESS

图书在版编目（CIP）数据

"有机"的秩序与"材料的本性"——弗兰克·劳埃德·赖特／汤凤龙著. —北京：中国建筑工业出版社，2015.3

（西方现代主义建筑大师理论研究丛书——"秩序与建造"系列）

ISBN 978-7-112-17871-1

Ⅰ. ①有… Ⅱ. ①汤… Ⅲ. ①建筑设计－作品集－美国－现代 ②赖特，F.L. (1867～1959) －建筑艺术－艺术评论 Ⅳ. ① TU206 ② TU-867.12

中国版本图书馆 CIP 数据核字（2015）第 042377 号

丛书策划：易　娜
责任编辑：易　娜　刘　川
责任校对：陈晶晶　赵　颖

西方现代主义建筑大师理论研究丛书——"秩序与建造"系列
"有机"的秩序与"材料的本性"——弗兰克·劳埃德·赖特
汤凤龙　著

＊

中国建筑工业出版社出版、发行（北京西郊百万庄）

各地新华书店、建筑书店经销

北京嘉泰利德公司制版

北京中科印刷有限公司印刷

＊

开本：787×1092 毫米　1/16　印张：13¾　插页：1　字数：215 千字

2015 年 6 月第一版　2015 年 6 月第一次印刷

定价：**56.00 元**

ISBN 978-7-112-17871-1

（27100）

版权所有　翻印必究

如有印装质量问题，可寄本社退换

（邮政编码 100037）

丛书前言

  本书是中国建筑工业出版社"西方现代主义建筑大师理论研究丛书——'秩序与建造'系列"的最后一本,是笔者在博士论文《几何的建构——赖特、密斯和路易斯·I·康的建筑法则》赖特一部分基础上修改完善而成的[1]。

  密斯用"结构"(structure)这一概念来意喻他的建筑法则:"对结构,我们有一种哲学观念,结构是一种从上到下乃至最微小的细节全部都服从于同一概念的整体。这就是我们所谓的'结构'"。[2]"结构"在密斯那里是一种关于建造的法则甚至是关乎建筑秩序的哲学思想。这是密斯在离开欧洲前就在其思想中形成了的,是他研究过去伟大时代的建筑时所体认到的:"通过使用当代的建筑技术,遵循构造清晰的要求,并以结构的原理作指导,他以创造性的建筑语言努力去阐释这些力量。在这种背景下的结构并不暗示着柱,梁或桁架——这些都是构造的组成部分。结构在这里更多地指一种形态学的显现以覆盖事物的有机秩序——它渗透于整个建筑的结构组织当中,并且将建筑的每一个部分阐释成一种必需的和不可逃免的状态:即一种状态——在这种状态下成为结构的一种结果,而非构造的理由"[3]。密斯说:"结构是像逻辑一样的东西"。

  罗伯特·麦卡特(Robert.McCarter)对赖特的团结教堂(Unity

---

1. 在这里,笔者将论文中两个学术歧义颇深的研究主题——"几何"和"建构"改为"秩序"和"建造"。一方面,笔者实在无力也无意纠结于理论概念的形而上思辨;另一方面,在反思后,笔者认为"秩序"和"建造"这样的朴实概念更加接近真实的建筑学和笔者的研究内容,同时也更易被读者理解。

2. [美]肯尼思·弗兰姆普敦著.现代建筑———部批判的历史[M].张钦楠等译.北京:三联书店,2004:192.

3. [美]皮特·卡特尔著.密斯·凡·德·罗,王俊等译.尼古拉斯·佩夫斯纳等编著.反理性主义者与理性主义者.北京:中国建筑工业出版社,2003:62.

Temple,1904）评价道："今天，团结教堂应当成为一种对我们已经失去的东西的响亮的备忘（sharp reminder）。如果我们想创造我们这个时代的杰出建筑的话，那么这些东西应该被重新获得（regain）。我们今天的建筑，它们表面的张牙舞爪（apparent energy and diversity）事实上是源于其骨子里对原则无知和缺乏的恐惧，并因此自暴自弃的在花样繁多的形式冒险中寻求逃避。建筑作为一种规则（discipline）的理念是走出这一歧途的唯一一途径。弗兰克·劳埃德·赖特为'建筑的内因'（in the case of architecture）而工作，创造了一种独一无二的哲学和形式法则的整合，这赋予了他自信和伟大（confidence and wonder）。"[1] 赖特更加直接地告诫我们："成为一个艺术家意味着——抓住一种在表面形式之下的蕴藏在所有地方、所有事物之中的精髓（Essence）。"[2]

　　作为路易斯·I·康（Louis·I·Kahn）最亲密的合作伙伴，安妮·唐（Anne. Ting）曾经写道："1953 年 11 月 18 日，康从罗马给我写的信中提到了关于他三个阶段的创作过程的理论——第一个阶段是"空间的本质"……这是一个无序和混乱的阶段。如果你足够幸运，最不可能到达的秩序（order）阶段也许会不期而至，就像一个抽象几何概念凭借它自主的生命，促使康把它称为种子，并且试图去把它变成秩序。简单地说，就是秩序。抽象的力量形成了秩序，然后发展到外向的设计阶段，在切实的实现过程中把基地、结构、材料、预算和项目的特殊要求等实际情况考虑进来。"[3] 对康而言，"秩序"是像"种子"一样的可以从中衍生出整个建筑的"抽象几何概念"。

1. Robert McCarter. Abstract Essence Drawing Wright from the Obvious. In On and by Frank Lloyd Wright: A Primer on Architectural Principles. Princeton Architectural Press, 1991：18.
2. 同上，p6.
3. [瑞士]克劳斯—彼得·加斯特著.路易斯·I·康：秩序的理念.马琴译.北京：中国建筑工业出版社，2007：7.

那么，密斯所谓的"结构"（structure）、赖特所谓的"规则"（discipline）或"原则"（principle）和康所谓的"秩序"（order）是什么，它们如何呈现并掌控建筑生成就是本系列丛书研究的主要内容。然而，即便再巧舌如簧，你也不可能用抽象的描述来解释它们，它们如同精灵一样潜藏在大师建筑的一砖一瓦和那些几乎残破的手稿和图纸中，而那也是笔者研究材料的最主要来源。

之所以选择"秩序"和"建造"两个主题来概括是因为三位大师的上述抽象概念在很大程度上可以被抽象为几何秩序或机制的演绎，而它掌控的首要主题便是实体的建造。其中密斯的"结构"表现为"匀质"的几何网格秩序，它促成了密斯对"清晰的建造"的永恒追求；康的"秩序"表现为"间隔"的井格秩序，它也契合了康对"事物间区分"的无限苛求；而赖特的"原则"表现为整体"有机"的灵活秩序组合，这也实现了他对"材料的本性"的终极诉求。而"清晰的建造"、"事物间区分"和"材料的本性"正是三位大师对建造理想状态的各自表达，是他们挂在嘴边的"口头禅"。当然，法则的强大就在于其通盘的掌控，因而在掌控建造的同时，它也将空间、功能、形式等建筑要素统一到建筑完美的肌体中，而建造是作为这些要素的主旨线索而存在的。

目录

绪论：回归原则

　　法国诗人维克多·雨果（Victor hugo，1802-1885）曾经预言："20世纪将会有一个伟大的建筑天才出现，就像但丁激荡了13世纪一样，可能会使我们受到意想不到的震惊。"雨果在1885年逝世，无法证实他所讲的话。但是在那一年的威斯康星州麦迪逊城人名册中，18岁的弗兰克·劳埃德·赖特（Frank Lloyd Wright）被登录在"绘图员"的名单中。在这段时期内，雨果写的《巴黎圣母院》和拉斯金写的《建筑的七盏明灯》是赖特在葛罗罕姆街的公寓中常存的两本书，也是他在工作之余逃避现实的庇护所[1]。

　　弗兰克·劳埃德·赖特于1867年6月8日出生在美国威斯康星州的里奇兰中心（Richland Center）。他的脚步远早于欧洲大陆的现代主义运动，当魏森霍夫住宅展举办的时候，他已年逾六旬。赖特蛰居于大西洋彼岸，英雄式地在人类文明最晚触及的美洲大陆凭一己之力开创了现代建

---

1. Robert McCarter.Frank Lloyd Wright.Phaidon, 1997：24.

筑。他对欧洲大陆的新思潮一向是不相往来、冷嘲热讽，但却对后者产生了启蒙性的影响[1]。这其中就包括另一位诞生于欧洲的现代主义鼻祖——密斯·凡·德·罗。密斯后来宣称："归根结底，这是一位已趋近于建筑真正本源的大师级的设计者，他以纯正的创造性将自身的建筑创作引向光明。最后需要重复的是，真正的有机建筑已经走向成熟与繁荣……赖特作品所散发出来的强劲和动力已鼓舞了整整一代人，甚至不用亲眼目睹，即可强烈的感知其影响力。"[2]荷兰现代建筑先驱贝尔拉格曾于1911年去了美国，并独自发现了赖特。在他后来的文章中将赖特称为"一位欧洲无人可比的大师"。

赖特将其一生的创作描述成一种单一的努力，不强调风格的变迁，而强调决定其70年建筑生涯创作和工作中基本、永恒的秩序原则。正如他自己所言，是"献给建筑内因（the cause）的一生"[3]。而"形式只是工作中原则的结果"（The form is a consequence of the principle at works）[4]。

罗伯特·麦卡特（Robert. McCarter）在对赖特的团结教堂（Unity Temple,1904）评价时感慨道："今天，团结教堂应当成为一种对我们已经失去的东西的响亮的备忘（sharp reminder）。如果我们想创造我们这个时代的杰出建筑的话，那么这些东西应该被重新获得（regain）。我们今天的建筑，它们表面的张牙舞爪（apparent energy and diversity）事实上是源于其骨子里对原则无知和缺乏的恐惧，并因此自暴自弃的在花样繁多的形式冒险中寻求逃避。建筑作为一种规则（discipline）的理念是走出这一歧途的唯一途径。弗兰克·劳埃德·赖特为'建筑的内因'（in the cause of architecture）而工

1. 赖特的作品于1910—1911年在欧洲大陆巡展，并被德国的发行商瓦斯穆斯（E Wasmuth）以"Ausgefuehrte Bauten and Entwuerfe"为名结集出版，它对许多欧洲建筑师产生了影响。
2. [英]彼得·布伦德尔·琼斯著.现代建筑设计案例.魏羽力等译.北京：中国建筑工业出版社，2005：188.
3. In the Cause of Architecture, the title of a series of articles by Wright published in Architectural Record, starting in 1908. 转引自Robert McCarter. On and by Frank Lloyd Wright：A Primer on Architectural Principles.Princeton Architectural Press. 1991.
4. Robert McCarter.On and by Frank Lloyd Wright：A Primer on Architectural Principles.Phaidon, 2005：18.

作，创造了一种独一无二的哲学和形式法则的整合，这赋予了他自信和伟大（confidence and wonder）。"[1] 赖特更加直接地告诫我们："成为一个艺术家意味着——抓住一种在表面形式之下的蕴藏在所有地方、所有事物之中的精髓（Essence）"[2]。

笔者之所以用"有机"一词来概括赖特建构体系中的几何秩序法则，首先是因为赖特的建造秩序启蒙于自然的有机，麦卡特评论道：赖特一直致力于寻找一种可以涵盖构成和建造（composition and construction）的统合秩序，一种类似于赖特在研究自然界的时候发现的可以将结构、材质、形式与空间整合起来的秩序。在他自己的建筑中，赖特通过从自然要素中（寻求灵感）来整合其形式与空间。例如，岩石形成时的结晶几何形状，赖特称之为"自然界的无与伦比的建筑原则的证明"。还有萨华罗（sahuaro）仙人掌的充满张力的结构，赖特称之为"预应力建造体系的完美例子"[3]。从这一意义上讲，赖特"有机建筑"的精确阐释并非表象的源于自然，而在于对自然之物内在有机秩序的理解并将其转嫁至建筑的生成秩序中，即有机建筑的核心价值即在于其内在的有机建造秩序。

接下来，"有机"一词对赖特而言具体包含了两个重要的概念：其一是"整体统一"，正如赖特所言："在建筑方面，'有机'这个词不只是指那些挂在肉铺子里的东西，也不只是那些两条腿跑动和生长在田间的东西，而是与统一性（entity），或者说整体性（integral）、本质（intrinsic）有关。在建筑上独创性地使用这个词，意思是局部与整体和整体与局部一样，所以整体统一正是'有机'这个词的真正含义。内的、本质的含义"。[4] 它的第二重含义是"活"的概念，它意味着建筑师应对不同情况采取相应的对策，最终取得合乎自然、因地制宜的结果，而不应将主观武断僵化教条地强加于客观命题，即一种"灵活性"。最后，赖特将这两种概念统一于建筑中，他

---

1. Robert McCarter.Abstract Essence Drawing Wright from the Obvious. In On and by Frank Lloyd Wright：A Primer on Architectural Principles.Princeton Architectural Press, 1991：18.
2. 同上，p6。
3. Robert McCarter.Frank Lloyd Wright.Phaidon, 1997：161.
4. 项秉仁.赖特：国外著名建筑师丛书.北京：中国建筑工业出版社，1992，3：39.

说道："'有机'这个词用于'活的'结构——一种结构的概念。这种结构的特征和各部分在形式和本质上为一体,其目标就是整体性。因此任何'活的'事物都是有机的,无机的——无组织的——不可能是'活的'"[1]。

赖特建构体系中几何秩序法则的运用正体现了这两种特点,首先,它同构贯穿了从宏观到微观的所有环节,充分让我们认识了"整体"的含义;然而在具体的运用中赖特绝不教条,而是根据具体建构体系的材料、结构、空间等客观条件灵活运用,相比于笔者论述的另两位赖特的后来者——密斯和康——都显得更加自由和豁达。

在具体的建构观念上,赖特的有机建构秩序直指建造材料及由材料本性所激发的建构模式,因材而异地运用不同的建造秩序去营造构件进而围合空间。

麦卡特曾评论道:在作为建筑师的一生中,赖特试图将自己设计的空间和形式与建造它们的材料与结构联系起来。赖特相信如果他的建筑将对其中居住的人们产生教益与启迪的话,这一点是最基本的:aedifcare,古代的建筑物一词,其意义是带着伦理和道德的目的同时去启迪和建造[2]。

赖特对每一种材料都有着独特的个人理解,或尊重赞美,或不满重塑,但无疑都是从材料的本性出发进而激发出材料的内在生命,再赋予其如愿的建造秩序和建构模式。在设计混凝土块住宅时,赖特认为:从本质上讲,混凝土是一种低级材料,它缺乏木材和石材等天然材料所具有的条纹、肌理和颗粒等质感。他认为要表达石材或木材等材料的特质,就是去用平面的方式呈现它们,这样它们的特质就会显现出来。与此相反,如果要表达混凝土的材料特质就是要使其表面产生凹凸的纹理以隐藏其平庸的本质[3]。他自己解释道"我们将从脚下或排水沟中取出建筑业轻视的流浪者,也就是混凝土块。在它里面找到它迄今为止仍未被发现的灵魂,使它像美丽的事物一样生存,像树木一样充满肌理。而我们所要做的就是去教育混凝土块,

---

1. 项秉仁.赖特:国外著名建筑师丛书.北京:中国建筑工业出版社,1992,3:39.
2. Robert McCarter.Frank Lloyd Wright.Phaidon,1997:161.
3. Frampton.Introduction Frank Lloyd Wright:Collected Writings,Volume 1,ed Pfeiffer.New York:Rizzoli,1992:14.

再造它。"[1] 在将混凝土升华为混凝土块之后，赖特便可顺理成章地用匀质网格来编织它们了。

在阐释"美国风"住宅时，赖特解释道："在我们这一新的建造体系中，我们应当或可以用到什么材料？在这里有 5 种材料：木，砖，水泥，建筑纸及玻璃。为了简化建造体系，在建造中，我们应当使用我们的水平网格单元体系。我们也应该使用一种垂直的网格单元体系，它其实就是木板和条带板它们自身，它们与砖造体系连接锁紧。"[2]

赖特一生的建成作品超过 600 件，尚有 1000 多件未建成的纸上方案，相比于笔者讨论的其他两位建筑师要多得多。要从这 1000 多件纷繁复杂的作品中选出一些去索骥大师的基本创作主题和原则绝非易事。但纵观赖特一生的建筑创作，从 20 世纪初的草原式住宅（Prairie Houses）到 20 世纪20 年代的混凝土块系列住宅再到 20 世纪 40 年代的"美国风"住宅（Usonian House），数量超过其作品总数 2/3。可以说住宅设计贯穿了赖特的整个建筑生涯，并一直是其主线，这不仅体现在时间和数量的优势上，同时更深层地反映在其创作主旨上，在不同时期，赖特均将其在住宅中开创的空间形式和秩序法则移植到公共建筑中，可以说赖特的公共建筑就是其住宅秩序的翻版。归根结底，他首先是一位住宅建筑师。

因此，笔者也将按上述三种住宅体系为主线展开对赖特建造秩序的探讨，最后再回到赖特的公共建筑，看看它们是如何与住宅一脉相承的。需要说明的是，赖特的一些非常著名的建筑，如古根海姆美术馆、流水别墅、罗比住宅等并未成为本书讨论的重点，其原因在于它们虽然在形式上极具冲击，但内在的建筑秩序却并不彰显，并非赖特建构体系的主流，甚至因为形式的做作在一定程度上诋毁了秩序的完美，例如罗比住宅在形体构成及内在建造秩序的清晰和完善性上就远逊于同为草原住宅的玛丁住宅，而后者对于重外在而轻本质的我们却是稍显陌生。建筑外表和内在的微妙正如人一样值得仔细辨析。

1. Wright, An Autobiography.1932. in Frank Lloyd Wright:Collected Writings, Volume 2, ed Pfeiffer.New York：Rizzoli, 1992：282-283.
2. Frank Lloyd Wright.An Autobiography.New York：Barnes & Noble Books, 1998：491.

　　赖特1927年在建筑实录杂志上发表了5篇文章，1928年又发表了9篇文章，它们以共同的名称"在建筑的内因中"（*In the Cause of Architecture*）发表。其中1928年1月的一篇题为"平面的逻辑"（*The Logical of the Plan*）的文章强化了康对于隐藏在所有伟大建筑中所共有的基本原则的理解：一个好的平面是开始也是结果……它无可避免的向各个维度发展衍生（its development in all directions is inherent-inevitable）……一个好的底层平面比几乎其他任何由它衍生的最终成果都具有更多的美感……判断一个建筑师的好坏，你必须看他的底层平面。在那里，他要么是一个大师，要么永远一无是处。世界上所有真实的建筑的墙体立面都已失去了，它们的底层平面却保留下来。每座建筑都将自我重建，因为在具体的平面之前是那些具有创造性头脑中的平面概念。赖特的所谓"创造性头脑中的概念"是平面的根基的认知亦对康产生了深刻的影响[1]。

　　由此可见，平面对于赖特及康而言具有原初的意义，是其秩序的起点，亦是我们发现其秩序的起点。所以具体的研究仍将从平面内的秩序开始，并逐步展开至竖向及细节。

---

1. Robert McCarter.Abstract Essence Drawing Wright from the Obvious from Robert McCarter edi, On and by Frank Lloyd Wright：A Primer on Architectural Principles. London：Phaidon Press Ltd, 2005：10.

"要全面的理解，必须不能将赖特的作品看成是我们犹疑

的、毫无意志的 20 世纪社会的产物，而应看作是 19 世纪充

满活力的、一丝不苟的美国先验论文化的产物……'弗罗贝尔'

幼儿园训练体系的哲学意识与美国先验论者的思维之间存在

很多相通之处，这尤其表现在赖特一生令人感动的作品之中"

第一章
从游戏和哲学中发现建筑

"弗罗贝尔"游戏的秩序启蒙

赖特说他妈妈安娜（Anna）在他出生前就已下了决心，要让自己的儿子成为建筑师。正是出于这一目的，母亲在 1876 年费城的一次玩具展中发现了"弗罗贝尔"积木，并把它带给了 9 岁的赖特，此后，这种玩具伴随他整个童年，并对其毕生的思维方式和创作原则产生了启蒙性的影响。赖特后来说道："设计的原则是自然的……这是我母亲给予我的'弗罗贝尔'体系中所固有的。"[1]

弗雷德里希·弗罗贝尔（Friedrich Froebel）是德国著名的教育革新者和先驱。他早年研究自然科学，主要是岩石的结晶方式和形态，发现了其中蕴含的自然几何法则，他认为这种几何法则是所有物质结构的基础，这成了他日后创造"弗罗贝尔"几何游戏的形式和思想基础。之后，他又学

1. 项秉仁 . 赖特 : 国外著名建筑师丛书 . 北京 : 中国建筑工业出版社，1992，3 : 3.

习了两年建筑，最后成为了一名教育家。他复杂的学历和广博的知识促使
其创造了"弗罗贝尔"教育体系，事实上，"幼儿园"（Kindergarten）一词
也是他的首创。

弗罗贝尔首先发明了一系列玩具，包括积木和折纸等，并配有教材，
以"礼物"（gift）的名义赋予孩子。每种玩具均由一些简单的几何元素组成，
孩子们严格按照教材的规定通过不同方式去拆分和组合它们，进而构筑许
多美丽的、合乎自然秩序法则的整体（图1-1）。由此可见，这种教育体系
的方法是寓教于创造性的游戏中，使儿童在游戏中体验形状、色彩、肌理
及事物的发展变迁和因果关联。从这一意义上讲，它对70年后的包豪斯教
育体系是不无启迪的。

这一教育体系的目标有两点，其一是训练儿童对形式的敏感认知和操
作能力，但更重要的是激发他们对事物构成方式内在法则的形而上认知，

即通过训练，使孩子们加深对"秩
序—宇宙第一定律"的理解。一
切不遵循秩序的任意构成，则以
"违反自然"而受到指责。由此就
不难理解为什么赖特的母亲要极
尽所能地用它来教育年幼的赖特
了，因为这简直就是为建筑师量
身定制的理想教育方式。由于当
时赖特的年龄已超过8岁，不能被
"弗罗贝尔"幼儿园接收，母亲就
亲自阅读所有的说明和资料，并
向纽约和波士顿的相关教师请教，
然后教授年幼的赖特。

后来，赖特时常强调这些游戏
带给他的巨大影响。它们不仅使他
认识了日后作为其建筑母题的基本
几何图形，还教会了他自然界中的

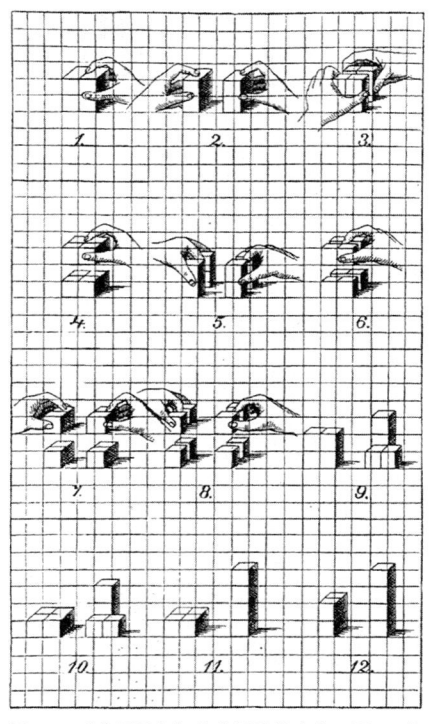

图1-1 "弗罗贝尔"幼儿园手册中的一页，8个
立方体的多种组合

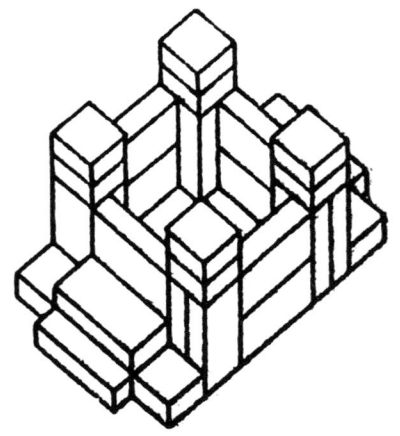

图 1-2　弗罗贝尔第六套礼物构成的浴室

任何事物都是由基本几何形按模式构组而成的（图 1-2），是"客观的原初统一（original unity）原则和其组成部分的整体。"[1] 赖特曾经写道："在接受'弗罗贝尔'游戏的教育后，我很快就变得对我看到的任何事物的构造逻辑模式（constructive pattern）异常敏感。我学会了以这种方式去看待事物，而且当我这样做事时，我不再感兴趣于去描绘自然界的偶发事件，我想去设计。"[2]

对于赖特而言，重要的是不同元素间的关联及共同构成完美整体的逻辑法则。按照这些法则，不同元素可以构成器物，建构房屋，甚至形成城市，最终构成我们存在的世界。它超越了事物表面形式和尺度的差异，将之纳入同一的逻辑之中，即所有的事物都有内在的一致性。

当赖特在而立之年就创造出前无古人的草原式住宅时，我们不得不承认儿时的"弗罗贝尔"训练对其建筑思想和设计能力超乎寻常的早熟是具有催化作用的。正如理查德·迈克科马克在 1974 年的论文中所说的那样："在'弗罗贝尔'图示和指导原则与赖特的设计和思想之间在形式和理念上的相通之处太多，已不能用巧合来解释"。[3] 罗伯特·麦卡特评价道："他（赖

1. Friedrich Froebel.selected Wrightings, Ed, I M Lilley New York, 1898. 转引自 Robert McCarter, Frank Lloyd Wright.Phaidon, 1997：12.
2. Robert McCarter.On and by Frank Lloyd Wright：A Primer on Architectural Principles.Phaidon, 2005：11.
3. Robert McCarter.Frank Lloyd Wright.Phaidon, 1997：12.

特）与‘弗罗贝尔’训练之间的关系至少可以被理解为一种非同寻常广博（comprehensive）和有效的方法与一位惊人的，也许是无与伦比的自然天才之间的偶遇。”[1]

在赖特接受了“弗罗贝尔”游戏训练30年后的19世纪90年代后期，他又像他的母亲一样用这一体系来教育自己的孩子。

向基本法则回归的“先验论”哲学意识

尽管当19世纪和20世纪之交时赖特只有33岁，其生命的后2/3历程都在20世纪度过，但其根本的思想意识仍然是19世纪的。因为它是受美国19世纪“先验论”（transcendentations）思想熏陶而形成的。

在年轻的赖特学习并形成自己的价值观时，赫尔曼·麦尔维尔（Herman Melville，1819-1891）、沃特·惠特曼（Walt Whitman，1819-1892）及赖特最为敬仰的拉尔夫·瓦尔多·爱默生（Ralph Waldo Emerson，1803-1882）仍然在世，亨利·大卫·梭罗（Henry David Thoreau，1817-1862）和霍雷肖·格里诺（Horatio Greenough，1805-1852）刚刚过世，然而他们对美国文化的影响仍然强大。他们的思想共同给19世纪的美国文化打下了深刻的“先验论”印记。这也成了美国自建国以来唯一真正意义上的本土文化。赖特的思想和信仰正是在这样一种强大的文化洪流中形成的。正如罗伯特·麦卡特所言："要全面的理解，必须不能将赖特的作品看成是我们犹疑的、毫无意志的20世纪社会的产物，而应看作是19世纪充满活力的、一丝不苟的美国先验论文化的产物……‘弗罗贝尔’幼儿园训练体系的哲学意识与美国先验论者的思维之间存在很多相通之处，这尤其表现在赖特一生令人感动的作品之中。"[2]这种共通的思想就是向事物背后共同法则的回归，而赖特也发现了这种哲学意识与古老东方哲学的关联[3]。

1. Robert McCarter.Frank Lloyd Wright.Phaidon, 1997：13.
2. Robert McCarter.Frank Lloyd Wright.Phaidon, 1997：13.
3. Robert McCarter.On and by Frank Lloyd Wright：A Primer on Architectural Principles.Phaidon, 2005：12.

　　爱默生曾说："*智慧穿透形式、越过墙体，发现了遥远事物间本质的相似性，并将所有的事物简化成极少的几条原则。*"[1]因为人本身就是自然的产物，因而爱默生相信人与生俱来地就适合于由直觉去感知自然的法则，即"*真理在通过自然之物映射到我们自身之前，已经存在于我们自身之中。*"与此相似，赖特相信"*建筑的真正功能在于告诉人们他们自己的本性。*"爱默生将自然看作是几条基本法则和形式无穷无尽地组合和重复的结果。这也深植在赖特的建筑思想中。在 19 世纪末，赖特开始试图澄清他的设计方法，他分析了自然事物及其潜在的几何结构和规则，并用它们（自然之物）目的的明确性和形式的清晰性去批判他之前的建筑。爱默生说："*我们总是从看得见的（表象）推理出看不见的（本质）。*"与此类似，赖特的惯用表达是"*看到里面（seeing into）*"或"*从里面看（seeing from within）*"[2]。

　　另外，赖特还深受爱默生个人主义思想的影响。爱默生认为个人的感知和分析能力要比任何社会整体的感知和分析能力优越的多，并应专注于自身的力量和能力，坚持自我，永远不要随波逐流。他认为个人永远都会拥有用其一生努力积聚起来的天赋和力量。爱默生说道："*想成为男人，必须是一个不信奉英国国教的人。*""*除了自己思想的完整，最终没有什么是真诚的。*""*伟大就注定要被误解*"。赖特在与媒体、公众打交道时的好战姿态，以及他对于其他建筑师创作的不屑一顾，显然都与这种个人主义理想有关。然而，这种思想绝非是肤浅自大或自负，而是一种英雄式的自信，它鼓励人们从历史中去寻找人类存在的基本原则，逃过现代社会的特定缺陷去发现人类永恒的和本质的天性。因为正如梭罗所言："*时代的变迁对于人类存在的基本法则影响甚微。*"[3]

　　梭罗的这一观点是受格里诺的影响而形成的，后者是一位极具造诣的

1. Ralph Waldo Emerson, Emerson：Essays and Lectures, NY：Library of America, 1983. 转引自 Robert McCarter, Frank Lloyd Wright.Phaidon, 1997：13.
2. Robert McCarter.Frank Lloyd Wright.Phaidon, 1997：14.
3. Henry David Thereau. Walden and other Wrightings, ed B Atkinson（New York：The Modern Library, 1937）转引自 Robert McCarter.Frank Lloyd Wright.Phaidon, 1997：14.

作家和雕塑家，他生命的一半在罗马度过，在著述中，他大量论及了现代人与历史原型间的关联。他尤其对建筑感兴趣，因为他认为建筑相比于其他视觉艺术更少地依赖于肤浅地模仿前人的表面形式。他所倡导的方法是："让我们学习原则，而非复制形状。"他进一步说道："我们应当创造形状，但只有通过掌握原则才能使之有效。"（We must make the shapes，and can only effect this by mastering the principles）他在 1852 年最早提出了"形式追随功能"这一原则，并且认为"在建造中，发展了建筑（内在）法则的大厦（建筑）可被誉为有机"。与同时代的弗罗贝尔相同，他也呼吁从一种内在的机制（出发）去对自然和形式的发展进行仔细的研究"不再将不同的功能强加于一种通用形式；不再为了视觉追求和（形式）关联去扭曲外部形态，而忽略了内部的（功能）布局，让我们像原子一样从内核开始，向外工作。"[1]

沙利文的完美弟子

赖特时常用德语称呼路易斯·亨利·沙利文（Louis Henry Sullivan）"亲爱的大师"（Lieber Meister），他是赖特一生中唯一公开承认受过其教诲和影响的建筑师。1887 年，20 岁的赖特进入了阿德勒和沙利文事务所。尽管赖特在申职时提供的草图和作品并未赢得沙利文的好感，但很快，赖特的能力就得到了年长他 11 岁的沙利文的赏识，对沙利文而言，赖特是不可或缺的完美弟子。赖特从儿时就发展起来的对复杂形体的操控能力及与生俱来的对几何形状的理解能力，使他在工作中游刃有余，他很快就成了沙利文的首席助手。就像赖特所说的那样："我成了大师手里的一支铅笔，在他非常需要这支笔的时候。正因为我可以胜任于此，他现在获得了比以往更多的自由。"[2]沙利文对赖特的器重和赏识可以从这样一个事实中得到证明，他曾委托赖特设计了阿德勒的别墅，他自己母亲的别墅及他自己的

1. Horatio Greenough.Form and Function，转引自 Robert McCarter.On and by Frank Lloyd Wright：A Primer on Architectural Principles.Phaidon，2005：14.
2. Frank Lloyd Wright.An Autobiography.New York：Barnes & Noble Books，1998：126

别墅。

沙利文对格里诺对美国建筑的著名批判："这个国家的头脑（mind）从来没有正经地（seriously）用于建造的事物（subject of building）"[1]做出了回应。他认为真正的美国有机建筑将在一种地域性的基础（regional basis）上发展起来，这包括气候、地域景观和当地的建造方法，而不是先入为主的腐朽形式和理论成见。他严厉地批判了当时将欧洲的古典形式肤浅地嫁接至新大陆的建筑策略。在他自己的实践中，他认为自然之物可以通过结构和装饰赋予建筑以正当的形式。他非常关注建构元素（tectonic element）的清晰界定（clarifying）。他认为建筑的基本（fundamental）是实体的结构骨架，而非空间。他的名言："当一根过梁被放置在两个柱墩之上时，建筑就诞生了。"（When a lintel is placed upon two piers, Architecture springs into being.）[2]是最好的证明。

沙利文向赖特揭示了古典建筑中的几何法则，以及在这种法则控制下事物是如何被放置在一起的，而这也成了赖特在接下来的设计中的起点。无独有偶，这种对古典建筑的本质理解同样也发生在后来的密斯和康的青葱岁月。与此同时，沙利文也激发了赖特去创造一种新的美国式建筑的雄心壮志。可以说，在赖特的基本建筑观念形成过程中，沙利文是最后的具有"催化剂"作用的人物，他将赖特年轻时学到的形式和理念原则汇聚到建筑中，并通过具体的实例指导赖特对它们的应用。

赖特曾与沙利文共同研究了欧文·琼斯（Owen Johns）的《装饰的语法》（*The Grammar of Ornament*），他们都从中得到了很多启迪，并由此确立了他们以几何作为设计方法主旨的创作态度。在此基础上，沙利文写成了他晚年的著作《基于人类力量哲学基础的建筑装饰系统》（*A System of Architectural Ornament According with a Philosophy of Men's Power*）。沙利文在论及装饰和建造过程中对网格规线和轴线的应用时写道："它们（指几何控制线）本质上所具有的严谨和精确（rigid）应当被我们在哲学层面上视

---

1. Robert McCarter.On and by Frank Lloyd Wright：A Primer on Architectural Principles.Phaidon, 2005：14.
2. 同上，p15。

为根本性的（掌控）力量的载体（Containers of radical energy），无论在扩散（extensive）或集中（intensive）的过程中，也就是说发散的形式从中心沿着放射线（扩散）和内聚的形式沿着同样的放射线或其他控制线从圆周向圆心聚集……与此同时，我们也注意到了，圆周线本身也蕴含着这样的掌控能量，并且所有这些几何线都是（制约）能量线。这（指整体）可以被称为'有掌控力的几何'（Plastic geometry）"（图1-3）[1]。

图1-3　沙利文名为"阐释"的图纸

---

1. Louis Sullivan.A System of Architectural Ornament.New York：Eakins, 1969：3.

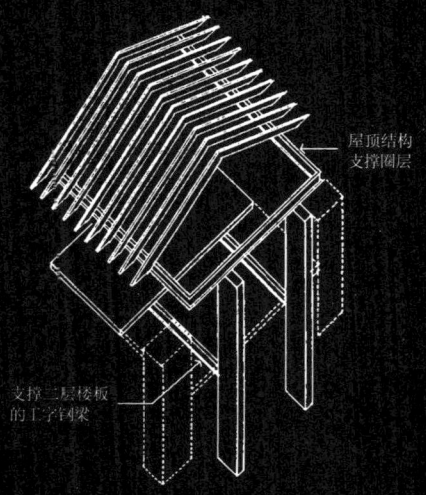

屋顶结构
支撑圈层

支撑二层楼板
的工字钢梁

　　"在布置这些建筑的底层平面时，针对每一结构特定的实际建造程序和美学比例，一种简单的轴线法则和秩序以及一种基于被精确建立的、恰当的结构单元体系的有组织的间隔（系统）被应用者……而且，虽然对称性并非总是清晰地呈现但平衡感却（因此）而达成。"

第二章
草原住宅的简单法则和丰富世界

　　草原式住宅（Prairie Houses）是赖特在 20 世纪初为美国郊区中产阶级家庭设计的一种住宅体系，是赖特奉献给美国的世纪大礼，是 1900 年以前新旧大陆都未曾有过的崭新住宅。1901 年 2 月，赖特在《仕女家庭杂志》（*Ladies Home Journal*）上发表了他的两个住宅方案图纸，其一名为"草原城镇之家"（A House in a Prairie Town）（图 2-1，图 2-2），其二名为"带有许多房间的小别墅"（A Small House with lots of Room in it）（图 2-3，图 2-4），草原式住宅第一次呈现在公众视野中。但它并非是一蹴而就的，它是赖特在 19 世纪最后 10 年不断刻苦钻研，厚积薄发的一个成果。柯林·罗（Colin Rowe）曾赞美道："草原式住宅在其源头就已经为其辉煌的未来打下了基调……这些住宅是一系列正确持续发展的里程碑；而且它们将让时代的见证者们知道：毫无疑问，在这里，一种极度契合的、可塑的阐释和表达即将诞生。而且对那些由当时的一些看似先进的建筑所提出的问题给出了终极的回应，而后者的存在似乎只是为了提出问题。"[1]

---

1. Colin Rowe.Chicago Frame, 1956, Mathematics of the Ideal Villa and other Essays. Cambridge, MA : MIT Press, 1976 : 92.

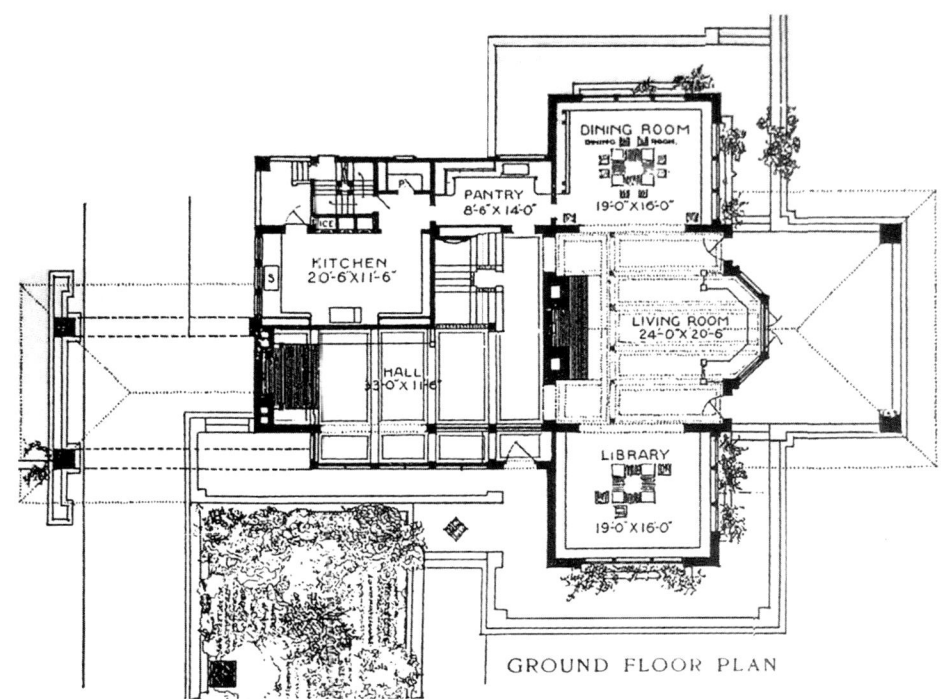

GROUND FLOOR PLAN

图 2-1 草原城镇之家底层平面图

图 2-2 草原城镇之家透视图

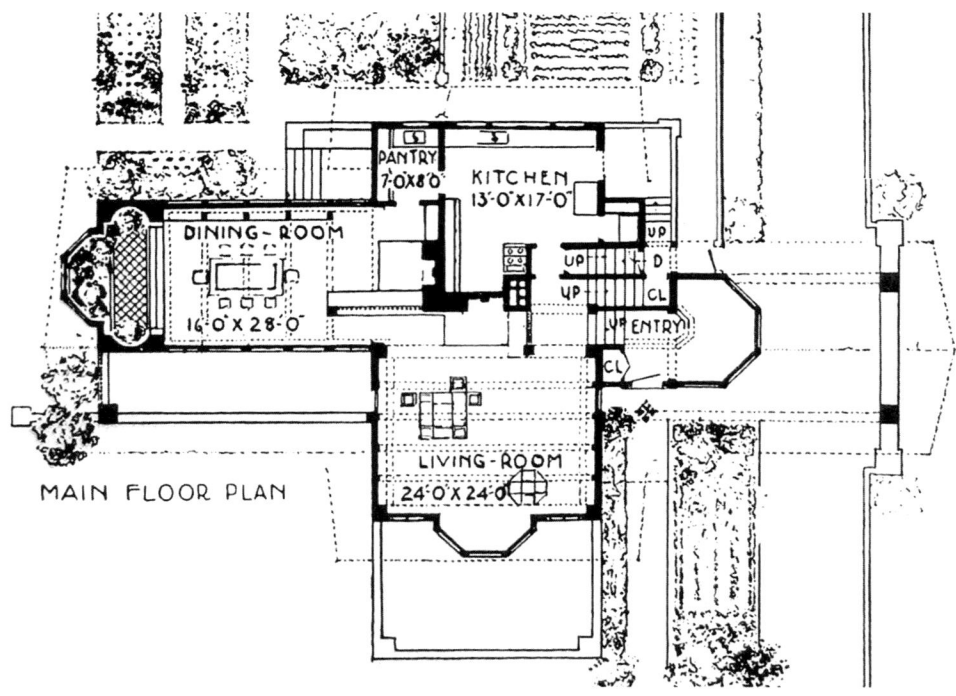

图 2-3 "带有许多房间的小别墅"底层平面图

图 2-4 "带有许多房间的小别墅"透视图

屋顶含盖的构成秩序

麦卡特的研究

罗伯特·麦卡特（Robert McCarter）在其著作《弗兰克·劳埃德·赖特》中按平面形状将草原住宅分成了 5 种，即所谓凹嵌型（imbedded）十字平面、紧凑型（impacted）十字平面、截肢型（truncated）十字平面、伸展型（extended）十字平面和轮转型（pinwheeled）十字平面。较全面地涵盖了草原住宅的平面类型。其中"凹嵌型十字平面"是一种平面形状为"凹"字形的平面，其典型是 1904 年的切尼住宅（Edwin Cheney House）（图 2-5，图 2-6）；"紧凑型十字平面"的典型是 1905 年的托玛斯·哈德雷住宅（Thomas Hardy House）（图 2-7，图 2-8），顾名思义，这是一种十字形的四肢不那么明显突出的、介于十字形和矩形之间的类型；"截肢型十字平面"是"十"字的一肢被截去而形成的"T"字形平面；而"伸展型十字平面"实际上是一种"一"字形平面，即"十"字的一肢无限伸展，而另一肢基本化为无形，其典型非 1907 年的罗比住宅（Frederick C Robie House）（图 2-9，图 2-10）莫属；最后一种"轮转型十字平面"是指"十"字一肢的轴线不再连通，两端相互错位，进而形成"轮转"，其典型是罗伯特·克拉克住宅（Robert Clark House）（图 2-11）[1]。

麦卡特的这种分类研究基本揭示了草原住宅从方形、集中、对称的均衡平面逐渐向"十"字、分散、轮转的自由平面的转变。但在笔者看来，当我们要对一个表象纷繁复杂、丰富多彩的客体进行研究时，就必须从其错综交织的线索中抓住操控其发展变迁的主流而非现象。对于草原住宅的宏观组构而言，笔者认为由屋顶覆盖所显示的几何体量构成才是其主流，而平面只是这种三维组构的二维结果而已。因此，麦卡特单纯按二维平面形状不同对草原住宅进行的分类研究并不能真正触及掌控其宏观组构的内在三维法则。赖特自己在阐释草原式住宅时，一语道破天机："**墙体从平面**

---

1. 详见 Robert McCarter, Frank Lloyd Wright, Phaidon, 1997. "The Extroverted House"
一章。

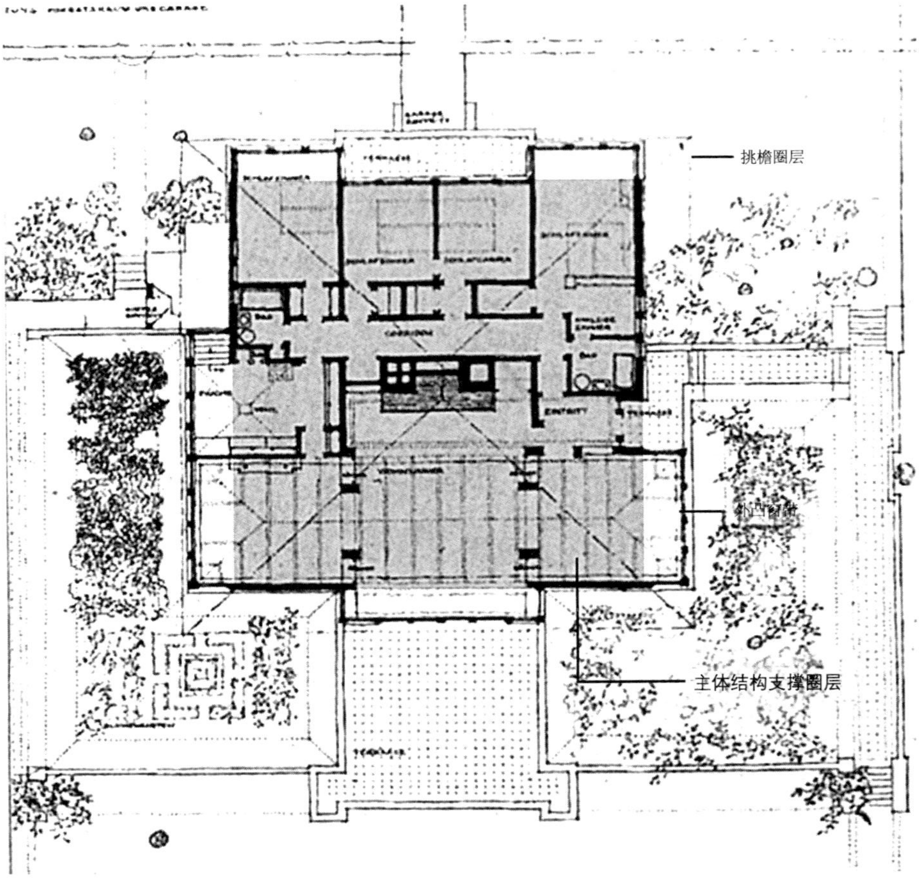
挑檐圈层
外凸窗带
主体结构支撑圈层

图 2-5　切尼住宅平面图

图 2-6　切尼住宅透视图

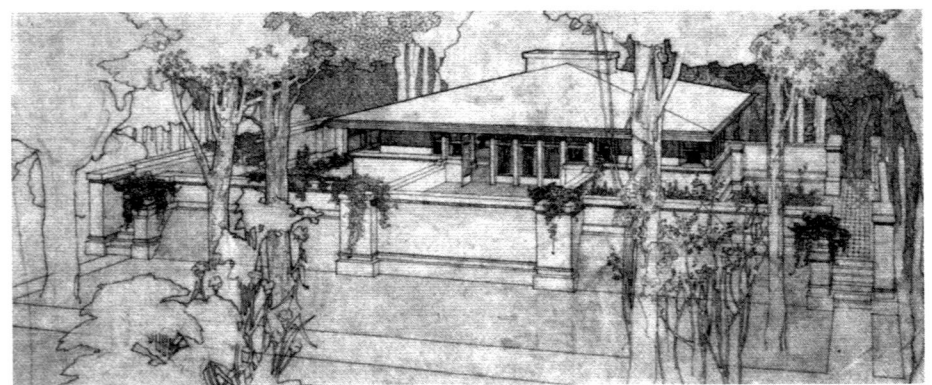

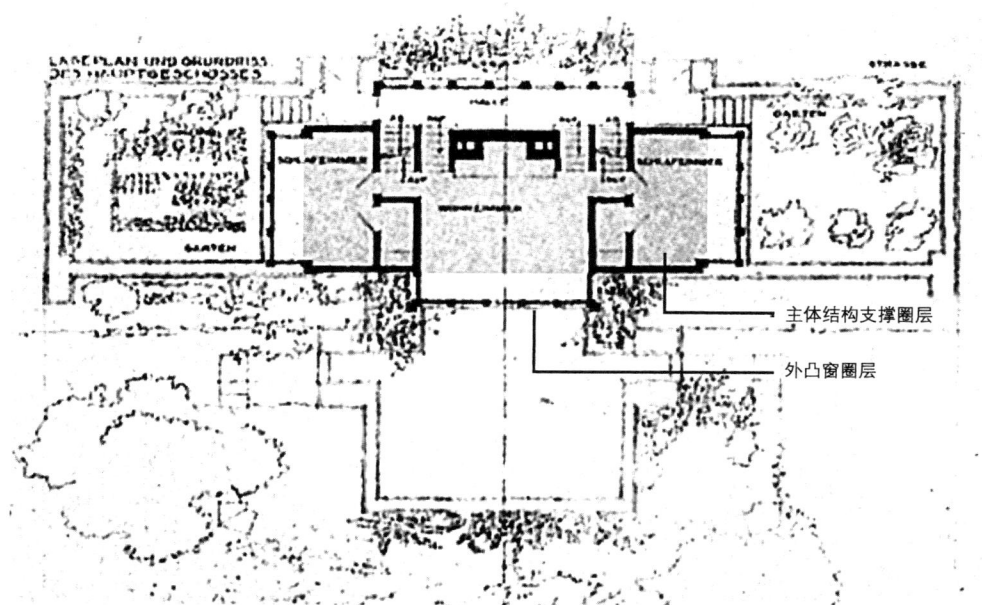

主体结构支撑圈层

外凸窗圈层

图 2-7 托玛斯·哈德雷住宅平面图

图 2-8 托玛斯·哈德雷住宅透视图

图 2-9　罗比住宅透视图

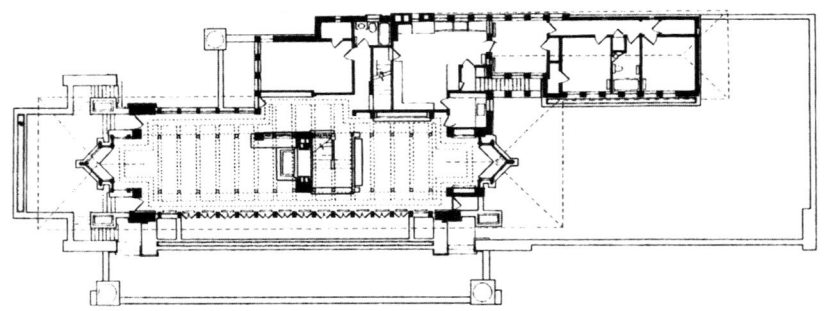

图 2-10　罗比住宅二层平面图

上升起的方式以及被屋顶含盖和统摄的空间是住宅中最有趣的地方。"[1] 笔者
也将按照这段话中的后一个主题，即屋顶涵盖和统摄的空间（体量）为线
索去揭示赖特草原住宅宏观构成中的几何要旨。

---

1. Wright, An American Architecture, P146.

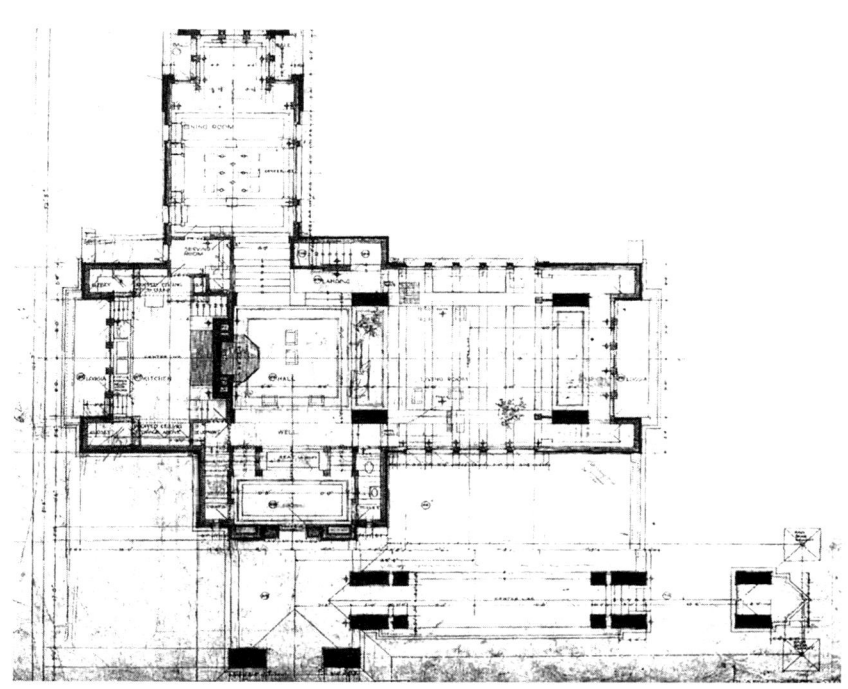

图 2-11　罗伯特·克拉克住宅平面图

早期类型的明确、清晰

当我们一直用动态、自由、非对称这样的词汇来赞美草原住宅的现代性及其对西方古典静止、对称、集中式空间进行彻底变革的时候，我们实在是过于唐突了。纵观赖特一生的建筑作品便可发现，他一直没有放弃过集中、对称、均衡这些基本的古典原则，其建筑中最有魅力的部分在很大程度上也正源于这些特质，对于建造和存在而言，它们是最合理的天意。正如赖特所言："轴线和对称不属于任何建筑风格，而是人类本性的基本部分。"[1]

笔者按"屋顶"线索归纳出的草原住宅第一种类型便是这些原则的忠实捍卫者，而它也是后续类型的基本原型，赖特日后自由灵动、变化丰富的一系列草原住宅都可理解成是在这一原型基础上规则演化的产物。这种

---

1. Robert McCarter.Louis I Kahn.London：Phaidon Press Ltd，2005：22-23.

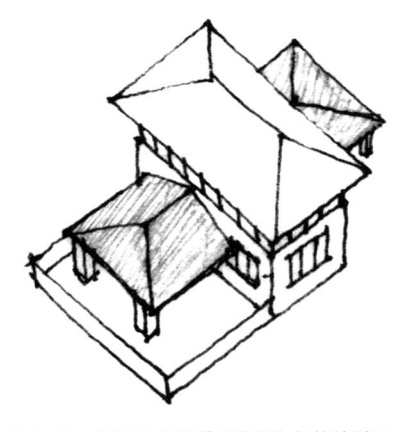

图 2-12　"拉丁十字型草原住宅"组构轴测图
（笔者绘制）

类型就是最基本的"拉丁十字型"（图2-12）。顾名释义，其"十"字形的长肢是一单层、纵轴对称体量，这一纵轴同时是整个住宅的对称轴；"十"字形的短肢是一两层纵轴对称体量，横跨在长肢偏心的一侧，进而形成"拉丁十字"。长肢较长一端通常被架空成门廊或敞廊，端头由两根对称的柱墩支撑，围合内院的低矮墙垛环绕在这一端头外围，同样沿长肢纵轴对称，进一步丰富了整体构成的几何层次。由于长肢在短肢两侧的长度不同，当从角部及长边观察时，整个建筑呈现出一种非对称的动态平衡。

按这一原型设计和建造的草原住宅包括1901年的沃舍尔住宅（JJ walser House）（图2-13，图2-14）、1902年的罗斯住宅（Charles S Ross House）（图2-15，图2-16）和1903年的巴顿住宅（George Barton House）（图2-17，图2-18）。其中，沃舍尔住宅需要特别说明，它的几何构成并非是"拉丁十字"，其短肢穿过长肢中点，即在长边上它也呈现出一种对称格局，更加贴近古典秩序。就此而言，呈"拉丁十字"的后两者可以理解为是赖特对这一更本质原型的发展，以求获得动态的视效。另外，罗斯住宅是一木构体系，这与赖特在1900年左右研究过的一种类似于"木瓦住宅"的"木框架-板条墙"的建造体系有关。

在这一类型基础上衍生的草原住宅第二种类型可定义为"拉丁十字附加一翼型"（图2-19）。顾名思义，其构成是在上一类型基础上，在长肢较长端的边侧附加一单层的"附翼"，它通常是虚空的门廊，在端头由对称的柱墩支撑。附翼的介入使得与之相连的长肢长端升起为二层，与原本"拉丁十字"的短肢在二层部分构成一个"T"字形体量，在保证自身体量完整的同时也与"附翼"保持了清晰的界定。"附翼"的介入使这一类型的层次更加丰富、动感更强，可算是草原式住宅中较经典的构成之一。

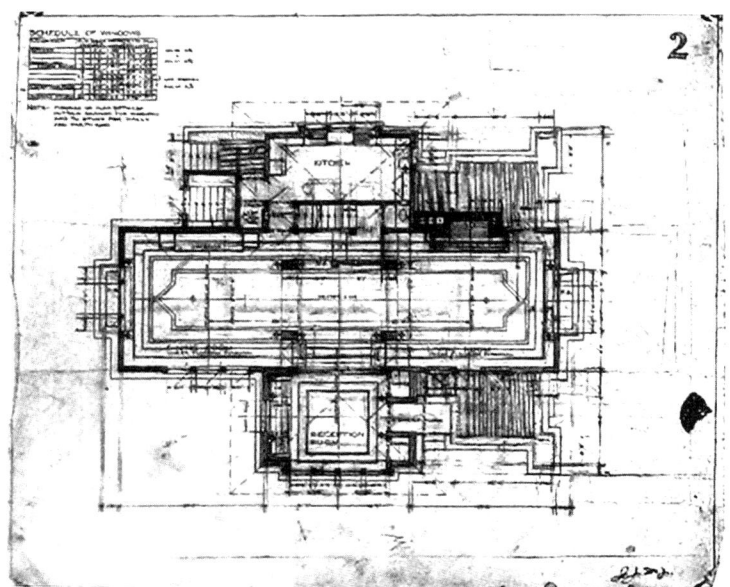

图 2-13　沃舍尔住宅平面图

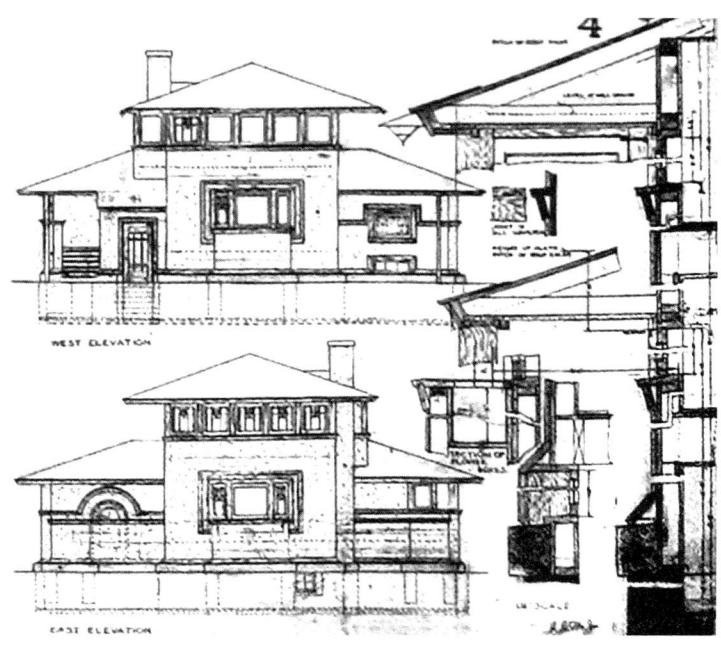

图 2-14　沃舍尔住宅立面图

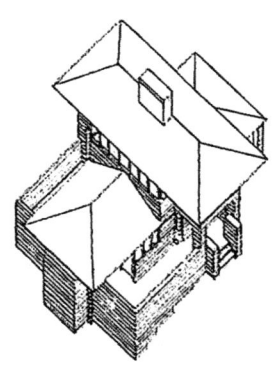

图 2-15　罗斯住宅轴测图

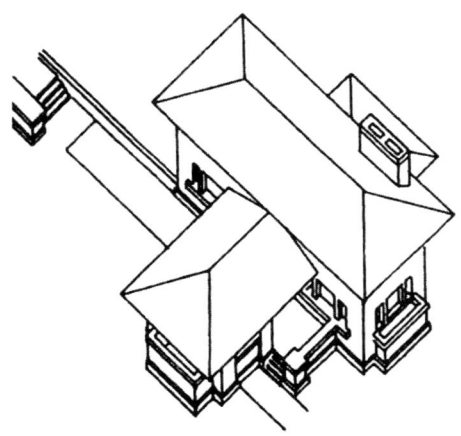

图 2-16　罗斯住宅透视图

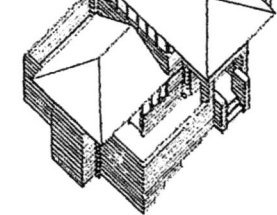

图 2-17　巴顿住宅轴测图

图 2-18　巴顿住宅
透视图

　　按这一类型设计的最早作品是前面提到的"草原城镇之家"，它的规模虽不大，却不影响赖特在日后将这一类型运用至大尺度、大规模的方案中，这其中最著名的实例就是1904年的玛丁住宅（Darwin Martin House）（图2-20），这一住宅不仅在外部形体构成上，甚至在内部的空间结构上都可视为前者的一个翻版。毫无疑问，这一类型最重要的特点就是"附翼"的介入，可以说，它是理解和分析赖特1904年之前草原住宅的一把钥匙，而它也将开启笔者对草原住宅第三种类型的探讨。

　　笔者将这一类型定义为"十字附加两翼型"（图2-21）。其基本构成可理解为是对上一类型的延伸，即如果可以在十字形的一侧附加一翼，那么何不在另一侧也加上一个？那样，形体将更加舒展，层次更加丰富。而

图2-20　玛丁住宅透视图

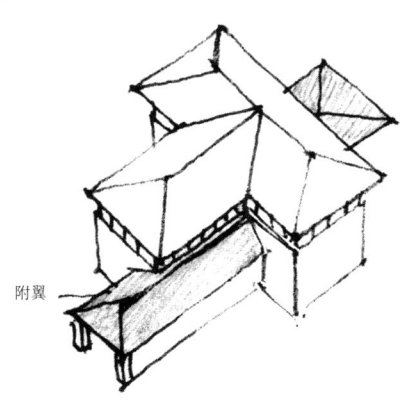

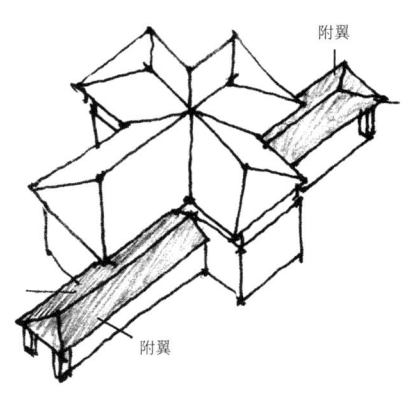

图2-19　"拉丁十字附加一翼型草原住宅"组构轴测图（笔者绘制）

图2-21　"拉丁十字附加两翼型草原住宅"组构轴测图（笔者绘制）

图 2-22 威利茨住宅透视图

图 2-23 威利茨住宅屋顶鸟瞰图

图 2-24 布拉得利住宅透视图

原本一层的"十"字长肢在两侧均升起为二层并与短肢纳入同一体量,至此,只有两"附翼"左右一线匍匐在底层。这一类型相较于前一类型,由于"两翼齐飞"在整体上更加均衡、稳定、大气,因而可誉为草原式住宅最唯美的构成。按这一类型设计建造的最著名作品,就是被誉为"草原住宅第一杰作"[1]的威利茨住宅(Ward W·Willitts House,1902)(图 2-22,图 2-23)及 1901 年的布拉得利住宅(Harley Bradley House)(图 2-24)。

上面的分析已清晰地呈现了草原住宅在早期的形式生成脉络和类型间的发展演变规则。需要说明的是这种发展只是构成逻辑上的发展,并不存

1. 项秉仁. 赖特:国外著名建筑师丛书. 北京:中国建筑工业出版社,1992,3:75.

在时间上的线性递进。这可以从上述作品在时间上的相互穿插中得到认证。可以说，天才的赖特在 1900 年草原住宅诞生之初就已同时驾驭了这三种类型，并将之有选择地应用于不同项目中。

　　然而，不可否认的是，并非所有早期的草原住宅都可无懈可击地纳入这三种类型。事实上，它们只是主流或者说是赖特心中的完美原型，在没有任何限制和制约时，他一定会将它们彻底实现，但在某些特殊情况下，由于地形、周边建筑及项目自身情况的限制，赖特无法全盘贯彻这些原型，只能权宜地将其中的要素加以分散重构以做出应对，这样的例子包括 1901 年的托马斯住宅（Frank Thomas House）（图 2-25，图 2-26）和 1900 年的丹纳住宅（Susan Lawrence Dana House）（图 2-27，图 2-28）。前者由于地形高差和旁边建筑的"挤压"，使得"十"字形的架构不能如意伸展，因而在底层形成

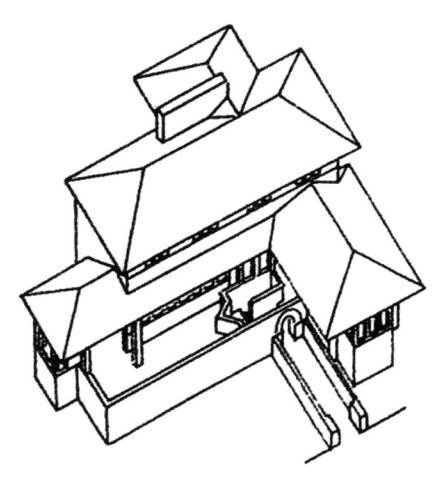

图 2-25　托马斯住宅轴测图

图 2-26　托马斯住宅透视图

了"L"形的格局,而上部则为"T"字形。但其底层"L"形体量相对于二层"T"字形体量,在形式构成上仍具"附翼"之势;而后者是一改造加建项目,虽然在细部形式上赖特将原有建筑完美地融化在了新造建筑中,但其总体构成仍不免受到原建筑的左右而略嫌冗杂。但这些都只能算作主流

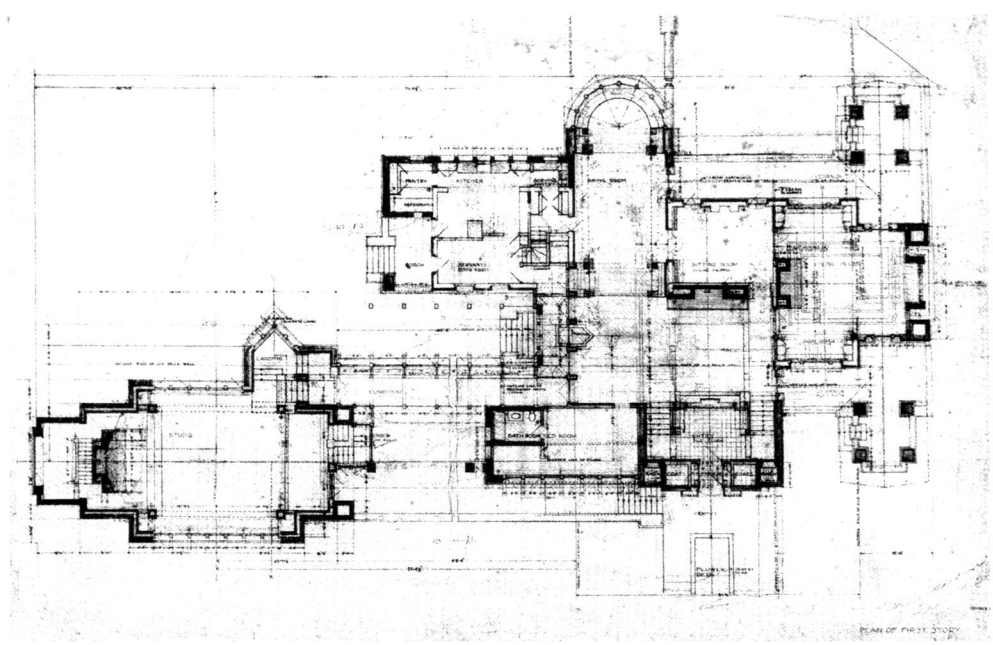

图 2-27 丹纳住宅平面图

图 2-28 丹纳住宅透视图

中的分枝和插由，并不影响笔者对赖特早期草原住宅做出的清晰、明确的几何构成分析。可以说，赖特草原住宅宏观组构的类型线索和主旨就是几何构成，在这里，几何是原型的原则，赖特实现了先验论哲学和"弗罗贝尔"教育体系的理念，用极少的几条法则创造出了丰富多彩的世界。

图 2-29　赫特立住宅鸟瞰图

　　另外，以上三种类型是以草原住宅最鲜明的特征——"十"字形体量为前提的。但一个不能回避的事实是在草原住宅中尚有一种"矩形"体量的强大存在，这种类型的三个鲜明的例子是 1902 年的赫特立住宅（Arthur Heurtley House）（图 2-29，图 2-30）、1904 年的切尼住宅及 1905 年的托玛斯·哈德雷住宅，而 1893 年温斯洛住宅（William H·Winslow House）的正面部分（图 2-31）也展现了这种特征。

图 2-30　赫特立住宅透视图

图 2-31　温斯洛住宅正面透视图

　　这种类型通体只有一个矩形的四坡大屋顶含盖，其下的平面在矩形结构单元主体外围局部凸出窗带。这一类型虽简单，却充分揭示了草原住宅在丰富形式表象下蕴含的一种基本的内在形式结构逻辑，即屋檐和其下暗含支撑结构的外墙间严格地遵守着"等距扩边"的关系（屋顶悬挑）———一种大屋顶建构自古以来就恒定不变的逻辑机制，由此构成一个完美清晰的矩形建构主体，而这种基本的矩形建构单元也蕴藏在其他更为复杂草原住宅之中，即前述"十"字形结构的每一肢乃至附翼均首先是一完型的结构主体，再进行合乎逻辑的相互穿插组合。这说明了草原住宅的丰富形式是在遵守了基本建构逻辑基础上的秩序化变异，因而它是一种健康的建筑体系，而非架空建构的形式操作。这正是笔者所论之"秩序建造"的核心，将在下文玛丁住宅的研究中详述。另外，从这一角度出发，这种最单纯、最本质的单一矩形模式才应该被视为草原住宅的最初原型，或说是其胚胎，而它本质上源于古典秩序。

"非均衡"的畸变

　　如前所述，在 1904 年之前，草原住宅最有特色同时也是最重要的一个主题是与主体轴线错位的"附翼"。可以说，它是赖特使一个均衡对称体量获得非对称和飘逸之势的"杀手锏"，但其缺陷也是难掩的，首先，因为其存在更多的是出于形式上的苛求，它就难逃做作和装腔作势的干系，虽然它有时也被赋予功能，但在大多数情况下，它只是一个虚空的、无实在功能的门廊或敞廊。另外，由于其一边的体量被它所依附的主体吞噬，因而无论在形式抑或建构上，它都无法达成完满，而它在与主体的交接上也存在着错综复杂的形式和建构疑窦。因而，在 1904 年以后，赖特便已基本摒弃了这一"双刃"利器，转而启用了另一种相对而言更具功能和建构合理性的形体操作手段去促成整体的动态。这种方法就是将"十"字一肢的两端在轴线上相互错位，它基本上对应于麦卡特所归纳的轮转十字平面。然而在实际的设计中，也并非只有端头错位这一种手法，还有一种手法就是使两端头在宽度上有所区别。属于这一类型的作品有 1904 年的罗伯特·克拉克住宅（Robert Clark House）、1906 年的格利德雷住宅（A·W·Gridley House）（图 2-32，图 2-33）及 1908 年的罗伯特住宅（Isable Roberts House）（图 2-34，图 2-35）等。

在这一类型中，被扭错和收放的非均衡一肢通常是高起的二层，它是整体构成的竖向重心。另外一肢均衡的单层体量沿另一个方向伸展开来，一边长、一边短，俯抱大地，成为整体构图中的水平底座。事实上，这一类型也可看作是前述"拉丁十字型"的变体，即将原本贯通的二层短肢在前后端进行扭错和收放。

这种类型的缺点显而易见，二层前后端的扭错和收放不仅导致平面的凹凸多变，更使与之对应的屋顶变得复杂，它通常是由两个以上宽度不同、脊线不对位的四坡顶穿插在一起构成的，相较于 1904 年之前屋顶的整体和

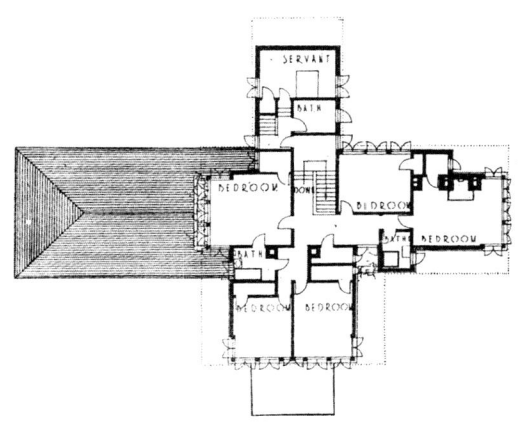

图 2-32　格利德雷住宅二层平面图

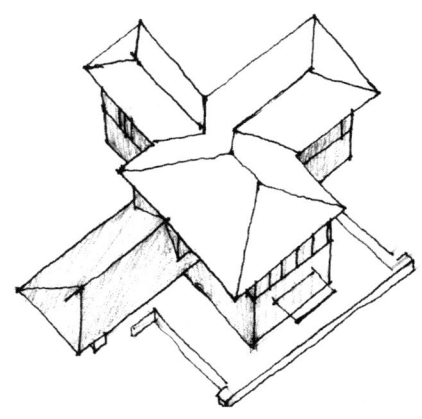

图 2-33　格利德雷住宅屋顶组构轴测图（笔者绘制）

图2-34　罗伯特住宅透视图

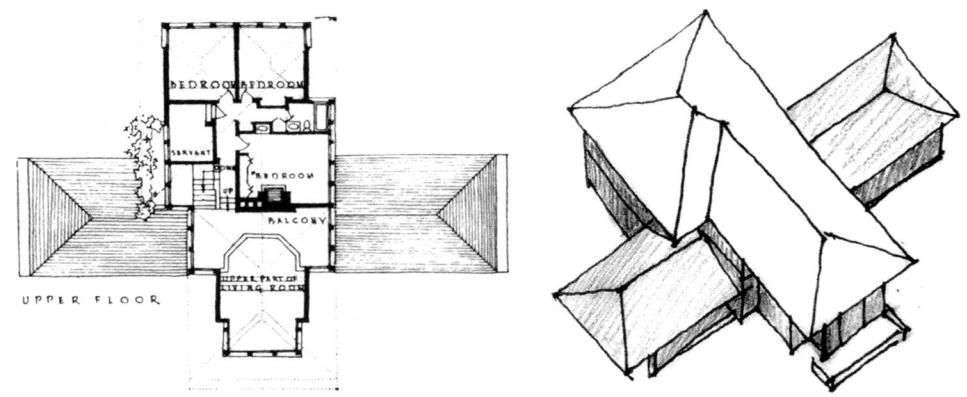

图2-35　罗伯特住宅二层平面及屋顶组构轴测图（笔者绘制、整理）

脊线平直贯通，难免显得过于暧昧和矫揉造作，而其建构也自然复杂、琐碎得多。进而，早期草原住宅中异常清晰、明确、严谨的"十"字形秩序也与"附翼"一起消逝了。归根结底，那种在早期草原住宅中，"十"字体量每一肢均秉持的明确简洁的矩形建构单元被扭曲肢解了。

　　在以上三个作品中，虽然总体的"十"字形架构和表面上纵横交织、舒展飘逸的形式特征依然存在，但其严谨的秩序感和形式的明确性已大打折扣。因而笔者认为，这一类型似乎多了一些对表面"视效"的功利化追求，而少了一些对建筑内在逻辑秩序的清晰整理。从这层意义上讲，赖特也许正犯了他的第一任老板——希尔斯比（J Lyman Silsbee）所采用的、被赖特

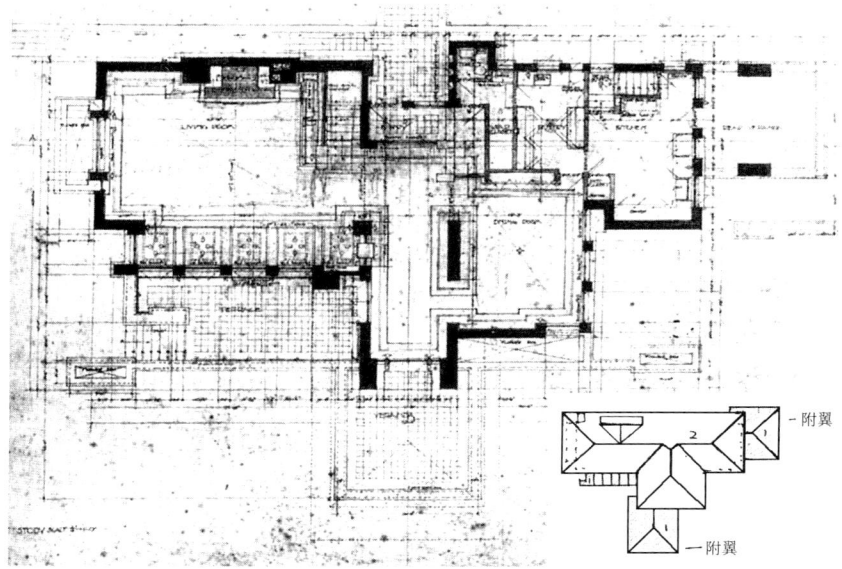

图 2-36 迈耶·梅别墅平面图及屋顶组构平面图

图 2-37 迈耶·梅别墅透视图

鄙视为"没有营养的"（no nurture）效果图设计法的错误 [1]。即在这些设计中，赖特似乎更加在意用片段的组合去达成局部或立面上的片面视效。在 1909 年的迈耶·梅别墅（Meyer May House）（图 2-36，图 2-37）中，赖特在厨房和走廊这样的服务空间端头狗尾续貂地加上平台，借之塑造"附翼"，从而达成视觉上层次丰富的效果便是最好的证明。

---

1. 参 Robert McCarter.Frank Lloyd Wright.Phaidon, 1997：17. 赖特在最初来到芝加哥时，在希尔斯比的事务所工作。其建筑风格被文森特·斯科利（Vincent Scully）定义为"木瓦风格"（Shingle Style）。

"中心体量"的回归

或许是对前一种单元肢解的矫枉过正，从 1907 年开始，另一种强大的力量进入了赖特的思想和设计体系，它的介入，在很大程度上改观甚至是扭曲了草原住宅的样貌，那就是赖特对集中式、双轴对称方形体量的迷恋。这种形式被麦卡特归纳为"旋转的立方体"（Rotated Cubic），但笔者并不同意他将这一模式看成是赖特向 1889 年的橡树园别墅（F L Wright House）（图 2-38）和 1892 年的布洛森姆别墅（Blossom House）（图 2-39）集中式体

图 2-38　橡树园别墅透视图

图 2-39　布洛森姆别墅透视图

图 2-40　希尔赛德家庭学校透视图

量的回归[1]。原因是后两者在总体上并未流露出前者特有的强大秩序感。在笔者看来，这种模式应该源于赖特在这之前设计的两幢公共建筑，其一是 1904 年的拉金大厦（Larkin Company Administration Building），其二是 1906 年的团结教堂（Unity Church），而这一极具纪念性和几何性的原型第一次出现在赖特的设计中，可以追溯到赖特于 1902 年为其姨妈设计建造的希尔赛德家庭学校（Hillside Home School）（图 2-40），其转角处起居室（兼做会议室）的双轴对称方形体量无疑为后续的种种埋下了伏笔。1907 年 4 月的《仕女家庭杂志》上发表了赖特的"5000 美元的防火别墅"（A Fireproof House for $5000）方案（图 2-41，图 2-42），使这一模式正式呈现在公众面前。

其基本构成是在一个强大的方形体量周边伸展出一些小的矩形体量或构架，中心立方体为主导，而周边的小体量成为附庸，甚至是"蛇足"，它们显然是赖特为达成草原住宅特有的舒展飘逸而不得不加入的"鸡肋"。两种极端对立的形式意图使得这一系列的草原住宅不免带有一种"虎头蛇尾"的姿态。1907 年的托梅克住宅（Tomek House）（图 2-43）、1908 年的埃文斯住宅（Robert Evans House）（图 2-44，图 2-45）和斯托克曼住宅（Stockman House）（图 2-46，图 2-47）、1911 年的郊区别墅方案（Surburban House）（图 2-48）及 1915 年的巴赫住宅（Emit Bach House）（图 2-49）等可以归入这一类型，而 1904 年的乌尔曼住宅方案（H J Ullman House）（图 2-50）也可看作是它的另一个"先声"。

这一模式的根本矛盾在于赖特将适于公共建筑的严整立方体移植到了轻松自由的住宅体系中，必然产生一种格格不入的困境。在平面上，主体的正方形结构被灵活的功能划分得四分五裂恰是这种不协调最好的证明。

综上所述，草原住宅宏观组构从早期的清晰明确到后期的畸变杂糅似乎是一种倒退，但笔者以为，那正是事物发展盛极而衰的一般规律。

1. 参 Robert McCarter.Frank Lloyd Wright.Phaidon, 1997：17.

图 2-41 "5000 美元的防火别墅"平面图

图 2-42 "5000 美元的防火别墅"透视图

图 2-43　托梅克住宅鸟瞰图

图 2-44　埃文斯住宅透视图

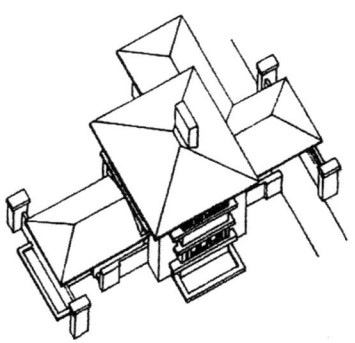

图 2-45　埃文斯住宅屋顶组构轴测图

图 2-46　斯托克曼住宅透视图

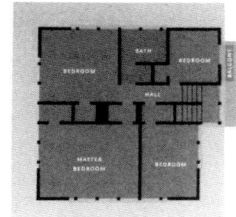

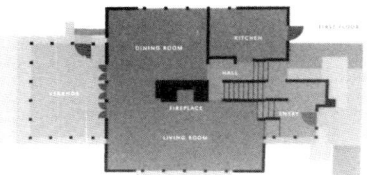

图 2-47　斯托克曼住宅平面图

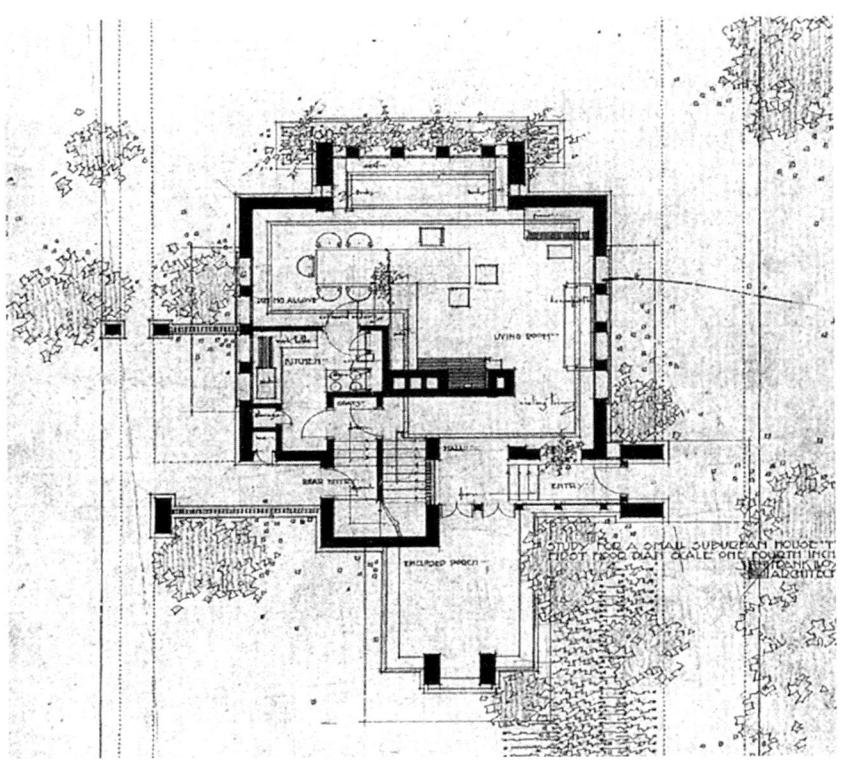

图 2-48 "郊区别墅"平面图

图 2-49 巴赫住宅透视图

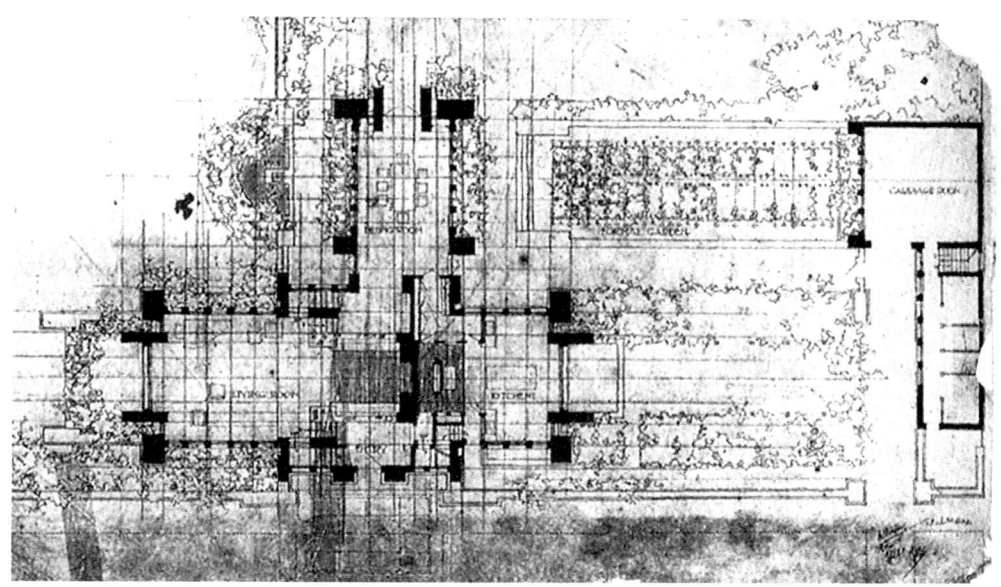

图 2-50　乌尔曼住宅平面图

"悬挑"开拓的结构秩序

艾斯比（C·ℛ·Ashbee）[1]在 1911 年对理性建筑及赖特和其他工艺美术运动建筑师创作主旨认识的文字中写道："我们共同坚守真理的明灯（the lamp of truth）。我们与赖特一样坚信结构应该是自明的，钢铁在这里是为人们服务的，他（建筑师）必须学会去正确地使用它，而不是去学会欺骗或蒙蔽它（lie or cheat about it）。"[2]爱德华·福特（Edward R·Ford）在其著作《现代建筑的细部》（*The Details of Modern Architecture*）中对艾斯比的这一论断做了进一步的阐述，他说道："……对于哥特理性主义者而言，诚实意味着结构要素必须被毫无虚饰和包盖的完整暴露。而对于'手工艺'学派的建筑师而言，完整的（结构）体系固然重要，但是一种将真实的结构覆盖起来的逻辑相似体系（analogous system）是可以被接受的。其前提是装饰体系

1. 伦敦建筑师，1900 年在芝加哥认识了赖特，之后一直相互通信，可以说是将赖特介绍到欧洲的第一人。
2. C.R. Ashbee, Frank Lloyd Wright.A Study and Appreciation, in Frank Lloyd Wright : The Early Work.New York : Horizon, 1968 : 7.

不会欺骗人们对结构本身的认识。"由此，福特肯定了赖特作为一名结构理性主义者的资格，他的结构理性策略正是这种"逻辑相似"而并非真实（literal）暴露。在接下来的一段中他说道："将结构的暴露等同于理性的建筑是现代主义最大的谬论之一。"[1]

　　事实上，以上的论断对理解赖特在草原住宅中如何处置结构而言具有根本的指导和判断意义。首先，在草原住宅中，真正的结构构件是从来没有暴露过的，即便是我们看到的那些庞大的砖墩，也只是层层叠叠精美砌筑的罗马玻化砖（Slender Roman Vitreous）"面罩"而已，其中即便存在支柱，也隐藏在表层之下，而像威利茨住宅那样表面看来仿佛是木骨泥墙的建造也几乎全为虚饰，所谓的"木骨"只是贴在抹灰面层上的一条条木饰而已，而真实的骨架结构都隐藏在面层之内，至于支撑屋顶之工字钢梁则毫无例外的被赖特用吊顶掩盖。如果我们用肯尼思·弗兰姆普敦在《建构文化研究》中批判德国馆用石膏板吊顶遮蔽工字钢梁[2]的观点来审视赖特的话，那么他也将沦为"反建构者"。但肯尼思·弗兰姆普敦在对赖特的评述中，却笔锋一转，绝口不谈结构暴露与否的问题，转而关注赖特建筑表面装饰肌理所呈现出的"编织"特征，并对赖特在特殊语境中自称为"编织工"的只言片语大加发挥，将之与戈特弗里德·森帕尔（Gottfried Semper）的"编织理论"联系在一起，终于给赖特贴上了一个所谓的"织理性建构"[3]的标签则稍显偏颇。在笔者看来，赖特在混凝土块住宅中强调的"编织"表达的是砌块叠砌的三维几何逻辑特征[4]，而戈特弗里德·森帕尔的"编织"则是指"面饰"的象征性，彼编织非此编织。

　　但赖特的不暴露结构，并不等于结构在黑暗角落里的恣意胡为和随心所欲。对大师而言，建筑"整体"的完美无瑕是其灵魂深处对自己的苛求，而"整体"自然包括那些隐藏的结构体系。在赖特的草原住宅中，结构体系是理性而清晰的，它与建筑整体的几何逻辑秩序是同构的，甚至可以说

1. Edward R·Ford.The details of modern architecture. Cambridge, Mass. : MIT Press, c1990 : 166-167.
2. 参 Kenneth Frampton.Studies in Tectonic Culture.Cambridge, Mass. : MIT Press, c1995,密斯一章。
3. 参同上，关于赖特的一章。
4. 这一点笔者将在下文对混凝土块住宅的论述中详解。

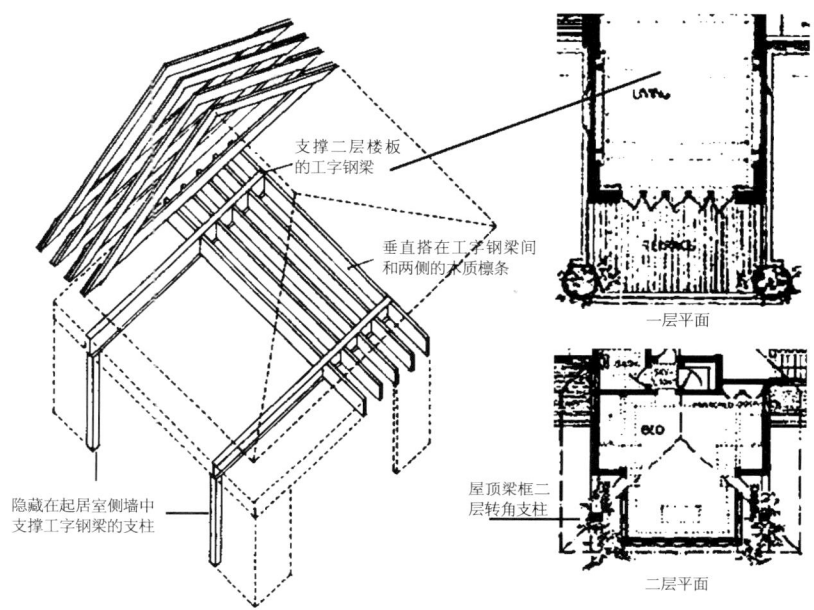

支撑二层楼板
的工字钢梁

垂直搭在工字钢梁间
和两侧的木质檩条

一层平面

隐藏在起居室侧墙中
支撑工字钢梁的支柱

屋顶梁框二
层转角支柱

二层平面

图 2-51 威利茨住宅楼板及屋顶支撑分析图

是结构的逻辑在总体上驾驭了形式的逻辑。而在外表上，赖特更是运用了"逻辑相似体系"的装饰符号将结构体系真实、甚至是"超真实"的表达了出来。

以威利茨住宅起居室部分（短肢端头）的结构体系为例。其二层楼板是由两根隐藏在吊顶内的工字钢梁承托的，这两根工字钢梁并不位于板的边沿，而是介于进深方向上的边沿与中心之间，木质檩条则垂直地搭在工字钢梁间和两侧，他们全被吊顶封闭。而支撑工字钢梁的支柱也隐藏在起居室的侧墙中（图 2-51），真实的结构完全被隐匿。然而，在室内空间的可见部分，赖特通过吊顶下两条强大的、与工字钢梁严格对位的木质线脚，明确地以"逻辑相似"的策略揭示了工字钢梁的存在；同样，在起居室两侧墙的窗边各有两根与墙体脱离的"装饰"柱，它们也昭示了墙体内与其对位的真正支柱的存在（图 2-52）。大屋顶的结构支柱同样暗藏在外墙及二层带形窗的窗框中（图 2-53），其上支撑着连续的矩形梁框，梁框转角处的支撑木柱在二层脱开主体进一步宣示了这一层次的存在。木制檩条和梁架则穿插于梁框之间和之外，两者共同构成了坡面屋架。屋架外沿按同一宽度向梁框外侧扩边（offset），两者间形成了清晰的基于结构"悬挑"的几何关系。

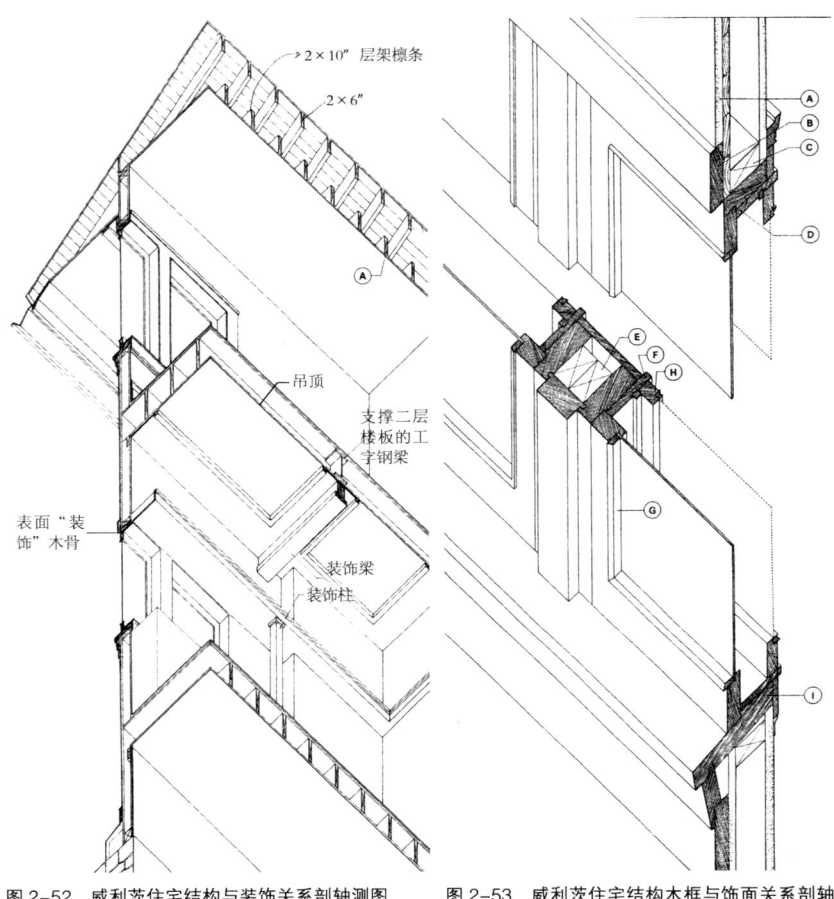

图 2-52　威利茨住宅结构与装饰关系剖轴测图　　图 2-53　威利茨住宅结构木框与饰面关系剖轴测图

　　要更加清晰、深刻地将草原住宅结构体系的几何秩序及其与形式构成的逻辑关联呈现出来，下面的线索是不可忽略的。

　　赖特接受过唯一正规的建筑学教育是他 20 岁时在威斯康星大学工程学院学习的两个学期。尽管他并未完成学业就离开了那里，他后来还是经常说道："在那里我有足够的时间学到对于支撑一片楼板或一根梁而言，最好的支点并不在其角部或端点，而是在其端点和中点中间的部位。这将使梁或板中间受到的弯矩最小。"[1]（图 2-54）这一在今天看来再简单不过的力学

1. Edward R·Ford. The details of modern architecture. Cambridge, Mass.: MIT Press, c1990 : 177.

原理对于理解草原住宅结构体系及形式逻辑而言具有非同寻常的意义。

从这一逻辑出发,赖特将草原住宅中的结构支撑体系明确地二分为二层楼板和大屋顶,它们的支撑结构分别自成一体,形成一种规则的"层层套叠"的几何关系。首先,二层楼板的支撑位于板的中间区域,是为最内里的一个圈层,但在赖特绝大多数的草原住宅中,这个圈层并不明确或自成完整体系,它通常是隐秘的、功能化的片段存在。它所支撑的楼板外沿自然就是建筑的外墙所在,它不仅规限了建筑外部体量的基本形状,同时也基本上对应了屋顶支撑体系的所在,这一体系最具体的体现就是前面说的、隐藏在大屋顶内的木构梁框,它可被视为第二个圈层。屋顶的外檐必在这一圈层的基础上向外扩边,从而在形式上形成挑檐,在受力上使屋顶的支撑符合赖特所信仰的理想"π"字形结构模式,这一屋顶外沿即为第三个圈层。

在这一规整的圈层秩序下,形式、空间的"自由"操作顺理成章地展开。首先,由于第二个圈层的存在,使得基本与其对位的非承重外墙获得了自由,在某些地方它们才会自由的向外凸出,游走于第二、三圈层间,形成丰富的外围轮廓,最彰显的当属那些二层的凸窗带。而内部空间则同构于第一、二圈层间的"分隔"秩序形成"主—从"界定,这一点笔者将在下一节详述。由此可见,这一出于基本结构逻辑关系的三层几何套叠关系,也成为赖特形式、空间操作的基本框架,即形式、空间的收放同构于结构体系(图 2-55)。

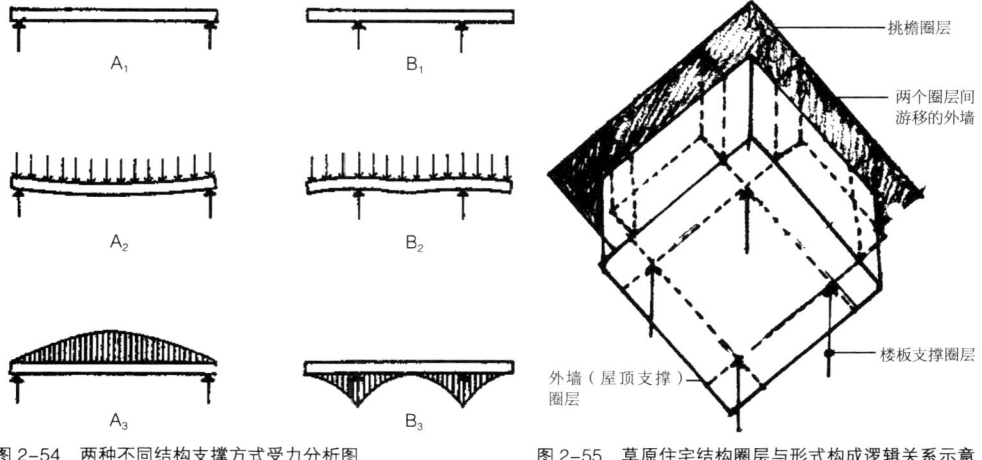

图 2-54 两种不同结构支撑方式受力分析图

图 2-55 草原住宅结构圈层与形式构成逻辑关系示意图(笔者绘制)

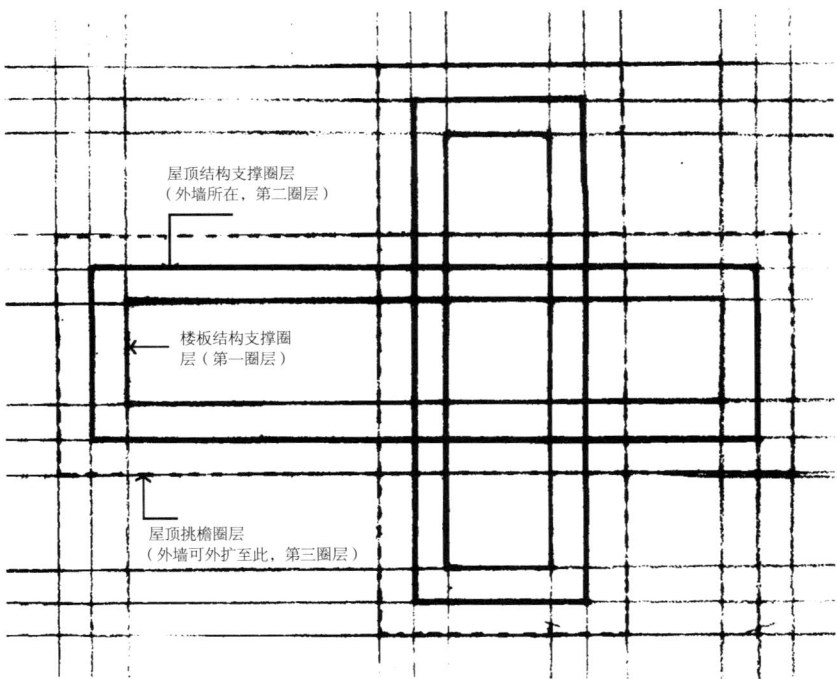

屋顶结构支撑圈层
（外墙所在，第二圈层）

楼板结构支撑圈
层（第一圈层）

屋顶挑檐圈层
（外墙可外扩至此，第三圈层）

图 2-56　草原住宅由结构圈层导致的"井格"秩序分析图（笔者绘制）

当这种圈层关系在草原住宅"十"字形平面互呈 90 度角的两肢间重叠时，自然会形成"井格"的几何构成（图 2-56）。这也就是理查德·迈克科马克（Richard Maccormac）对草原住宅所做的那些著名"井格"分析图的源头。然而迈克科马克似乎仅停留在对抽象几何图式的发掘上，并未深入到上述结构逻辑的本质。这可以从其分析图中"井格"规线在不同圈层间的游移中读出来，例如在他所绘制的罗斯住宅"井格"分析图中，两重"井格线"实际上是笔者所界定的第二、三圈层，而他在对巴顿住宅进行的分析中，假借的却是第一、二圈层（图 2-57，图 2-58）[1]。

事实上，这种由结构机制所衍生的秩序范式（间隔体系）是草原住宅建构的一种通用法则，它贯穿在大小不同、形式材料不一的草原住宅中，

1. 详见 Richard Maccormac, Form and Philosophy : Froebel's Kindergarten Training and Wright's Early Work, in Robert McCarter, On and by Frank Lloyd Wright : A Primer on Architectural Principles.Phaidon, 2005 : 124-143.

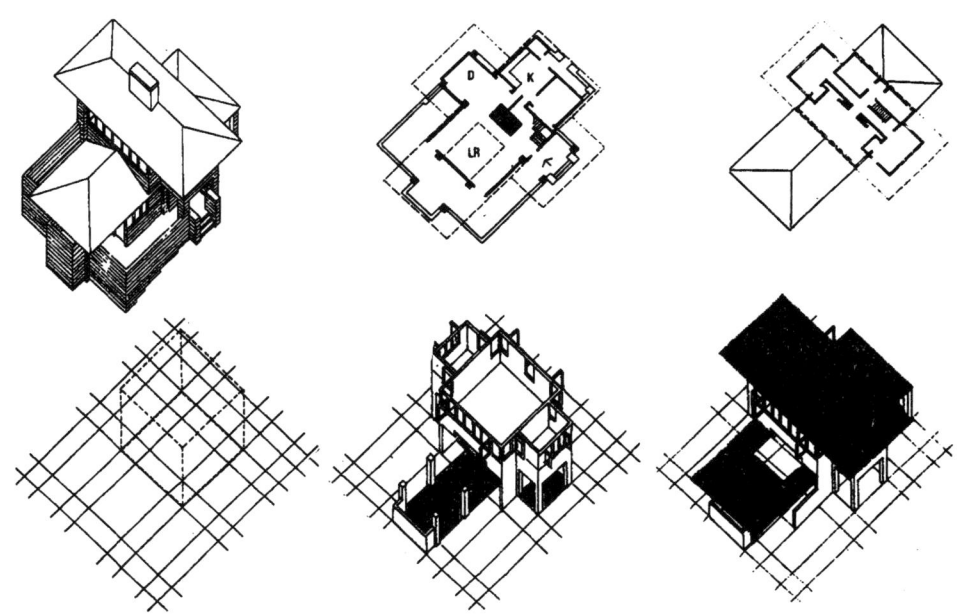

图 2-57 迈克科马克绘制的罗斯别墅"井格"轴测分析图

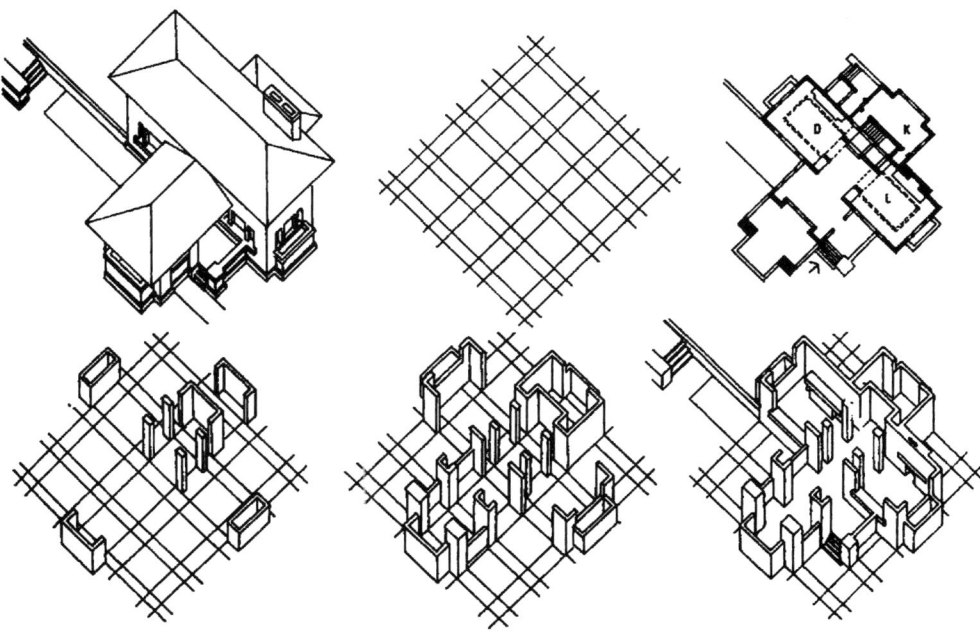

图 2-58 迈克科马克绘制的巴顿住宅"井格"轴测分析图

是赖特以不变应万变的设计法则和建构策略。它天衣无缝地将形式、空间等其他建筑本体要素整合其中，形成同构、完美的有机建筑。同时，几何秩序逻辑也渗透在草原住宅细部的形式和建构中，为了揭示其中的种种精妙，笔者将以达尔文·玛丁住宅（Darwin D Martin House）为例将上述内容详细地呈现出来，之所以选择玛丁住宅，是因为它最为清晰明确地呈现了草原住宅中纷繁复杂的几何建构策略。

玛丁住宅的秩序谜团

自玛丁住宅建成后的 50 多年间，赖特一直将它的平面图（图 2-59）挂在他工作室墙面的显著位置上，而且曾将其发表在不同的期刊杂志上达 5 次之多，足以见得这一住宅中蕴含的奥义对赖特而言是完美无瑕并具典范意义的。1908 年赖特在《建筑实录》（*Architectural Record*）杂志上发表的关于草原住宅设计的文章中说道："在布置这些建筑的底层平面时，针对每一结构特定的实际建造程序和美学比例，一种简单的轴线法则和秩序以及

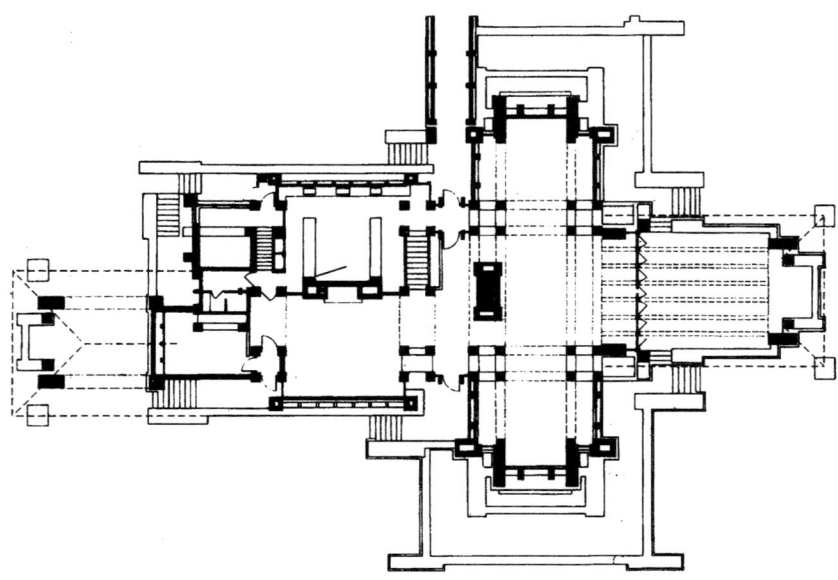

图 2-59 玛丁住宅底层平面图

一种基于被精确建立的、恰当的结构单元体系的有组织的间隔（系统）被应用者……而且，虽然对称性并非总是清晰地呈现但平衡感却（因此）而达成。"[1]

　　赖特在这段论述中晦涩地表达了草原住宅中的三种几何建构规则，其一是"轴线法则"，其二是"间隔系统"，其三是"对称性"。其中，"间隔系统"对应于笔者上文所阐释的、基于结构的"井格"系统，而另外两者，笔者将在下文详细。这三种几何体系是理解草原住宅建构秩序法则的关键，笔者也将沿着这三条线索来重构玛丁住宅。

"井格"系统

　　就像罗斯住宅和巴顿住宅一样，迈克科马克在他对赖特的研究中也曾揭示了玛丁住宅平面中的"井格"秩序（图2-60），这的确可以作为理解该建筑的一个重要线索，虽然它并未上升到本质的结构体系层面，却也在很大程度上揭示了下一层面——空间秩序——的深刻内涵。因此，笔者将以

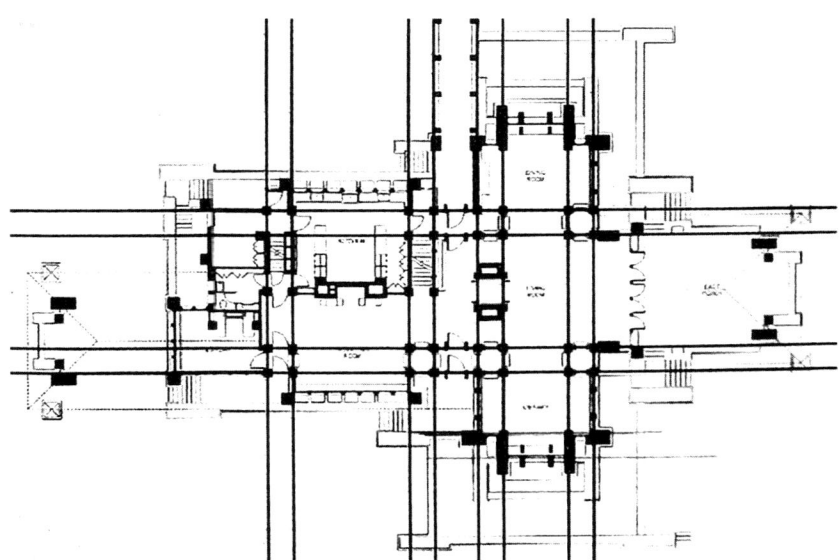

图2-60　迈克科马克绘制的玛丁住宅平面"井格"平面分析图

1. Robert Mc Carter.Lcuis I Kahn.London：Phaidon Press Ltd，2005：22-23.

此为基础，借由对这一"井格"体系做细致的量化
阐读去索骥其中的奥妙。

首先，迈克科马克对这一"井格"体系的
挖掘源于那八组著名的、被约翰·萨默生（John
Summerson）称为"aedicules"（大建筑中的小建筑）
的、各由四个小柱组成的"柱组"。其中每个小柱
的平面是边长 20 英寸的方形，柱间净距 40 寸[1]，轴
距 60 寸。事实上，一个"柱组"的四个柱子间便
蕴含着"井格"秩序，因为我们不仅可以像迈克科
马克那样通过柱轴线的贯通来构成"井格"，还可
以通过贯通柱的边线来标识它，而这可以更直观地
勾勒出实体与空间的界线，从而更加精确地展现空
间秩序。在这样的勾勒中，柱占据的实体"井格带"
的宽度是 20 寸，间隔 40 寸，即前者的两倍（图 2-61，
图 2-62）。

将这种"条带井格"的方式应用于上一层级（即
整体平面范围），将"柱组"占据的宽度（80 寸）
连成条"柱带"，就形成了迈克科马克所揭示的"井
格"构成的另一种表达，它可以更好地演示空间秩
序的界定——"柱带"涵盖"周边空间"，其间是"中
心空间"，其逻辑与路易·康用"间隔系统"创造
的"主-从"空间秩序异曲同工。同时，每一"柱
组"中都暗藏着暖气设施，这与康"结构整合设备"
的系统理念不谋而合（图 2-63）。

不难发现，这一"井格"体系在住宅长肢上
呈一侧倒的"目"字形，且"柱带"的间隔宽度不
尽相同。首先，在"目"字的短向上，柱带的间隔

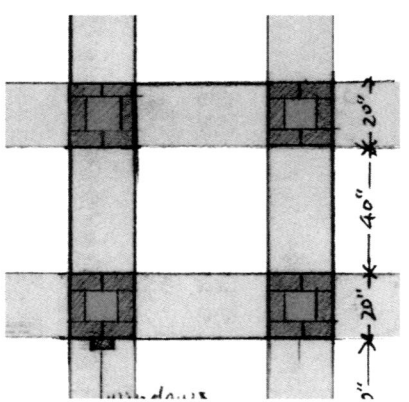

图 2-61　玛丁住宅"柱组"井格条带示意图（笔者绘制）

图 2-62　玛丁住宅"柱组"透视图

图 2-63　玛丁住宅阅览室剖轴测图

1. 为了使论述内容更加精炼，在下文中，笔者将用"寸"和"尺"来代替"英寸"和"英尺"。

是 260 寸，而"目"字长向的第一格，即接待室和厨房的空间宽度是与"目"字短向间隔相同的 260 寸；长向中间一格，即间隔起居室与"厨房－接待室"之走廊的宽度是与"柱带"等宽的 80 寸；而位于起居室内长向最后一格的宽度是 140 寸。至此，笔者已将迈克科马克所揭示的"井格"秩序以一种更加贴近空间秩序界定的方式精确呈现出来了。那么，这种秩序是否只局限于这一由迈克科马克所揭示的、由住宅中部八柱"柱组"所圈成的"目"字形区域呢？答案是否定的。

事实上，在住宅短肢端头，即底层餐厅和阅览室及其南北向外墙处，这一秩序仍在延续，只是这种延续略显隐讳，因为完整的"柱组"在这里并未出现，而是融入了两者端头转角处的庞大砖墩中，这可以从两个砖墩在室内部分被"切削"的转角中读出。

另外，在进深方向上，砖墩边沿到室内完整"柱组"边沿的距离恰好是 140 寸，这与"目"字长向最后一格的宽度相等，从而使餐厅和图书室内部空间成为一个严谨的方形，从上述线索出发，这一位于住宅短肢端头"柱带"（周边空间）的内沿已初露端倪。但如果这一柱带的外沿无法精确界定的话，那么这种"井格"的延续同样是不完整的。然而，如果说这一端头虚拟"柱组"内侧的小柱仍可被视为暗藏于角部砖墩中并初露端倪的话，那么它靠外侧的另两个小柱是无论如何也难觅踪迹的。因此，寄期望于如内侧一样通过寻找暗藏小柱的方式来界定这一柱带的外沿显然是徒劳的。

事实上，这一柱带外沿的线索暗藏在下一层级的建构元素中，那就是餐厅和阅览室三面朝外窗洞中作为窗间分隔的竖向小砖垛。其中，东西侧向窗洞中的两根是边长 12 寸的方形，而贯穿它们的纵轴线恰好与一根柱组轴线重合，这足以见得它们在东西向上的平面位置是受这一"井格"体系规限的。而南北向正面窗洞内的两个分隔砖垛的平面呈长方形，与前者似乎没有任何关联的头绪，然而，真正的关联发生在他们的定位上，即它们的内侧端面到各自所在"柱带"内沿的距离是相等的，这显然揭示了这一南北端头"柱带"外沿的严格定位。而南北向窗洞内的长方形砖垛完全可以理解为是由与侧窗中一样的方形砖垛，在采用了相同的"井格"定位后，为了立面造型而向外侧拉伸的结果。

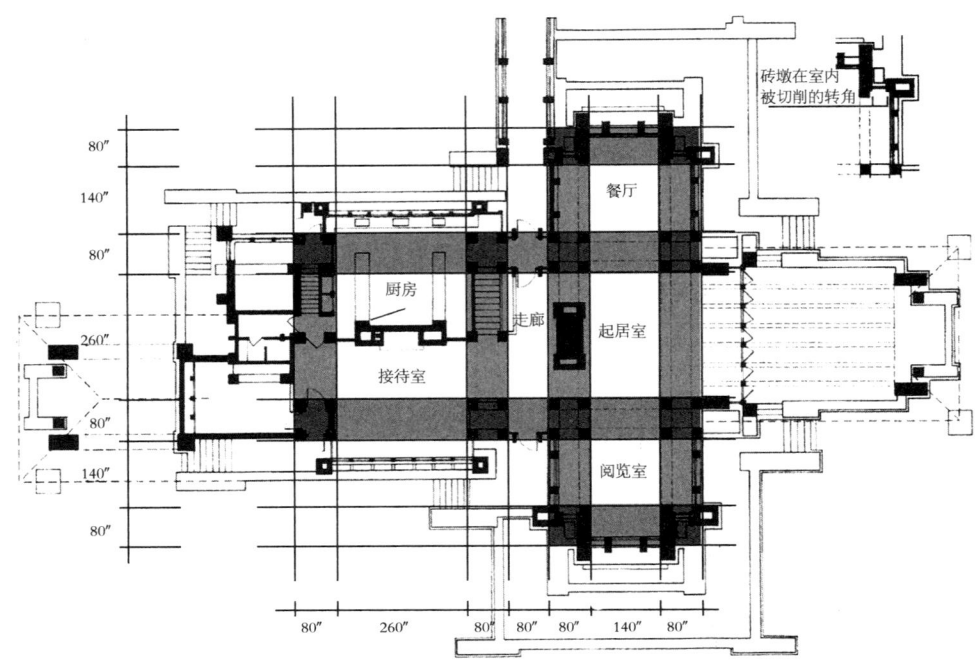

图 2-64 玛丁住宅平面"井格"量化分析图（笔者绘制）

至此，玛丁住宅中由"柱组"
所揭示的"井格"秩序（图 2-64）
已全面呈现出来，它在总体上
是一侧倒的"凸"字或"T"字
形，而非仅是迈克科马克所揭示
的"目"字形。它在很大程度上
归纳了这一住宅的空间秩序及功
能分隔。值得一提的是在这一"井
格"体系内形成了三个方形区
域，其一是厨房和接待室占据的
区域，其角部 4 个"柱组"所规
限的空间是一边长 260 寸的方形，
然而，在接下来的空间划分中，

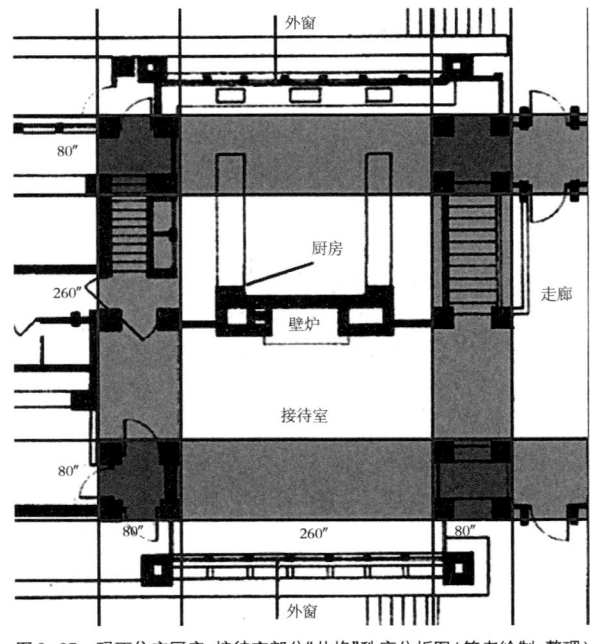

图 2-65 玛丁住宅厨房、接待室部分"井格"秩序分析图（笔者绘制、整理）

图 2-66　玛丁住宅厨房透视图

图 2-67　玛丁住宅接待室透视图

图 2-68　玛丁住宅"井格"形成的凹龛式"丛属空间"

赖特却通过壁炉将之一分为二，并通过南北窗的外扩，将这一在建构秩序上本该一体的方形空间"巧妙"地转化成了厨房和接待室两个几乎完全相同的小方形空间（图 2-65~图 2-67）。这一转变虽然巧妙，且迎合了住宅内部多样的功能布局要求，但却抹杀了由建构逻辑所归纳的空间秩序，不能不说是一种无奈的"巧妙"。其背后的根本矛盾在于这种规则的、秩序分明的几何建构秩序与住宅自由灵动的空间及功能组织之间实难终极同构。其实，这样严整的几何建构秩序更适于内部空间功能较为简单明确的公共建筑，而赖特应该是深谙这一玄机的，因为在接下来的团结教堂（Unity Church）中，赖特几乎将玛丁住宅的几何建构体系完整重现，在那里，空间秩序与建构逻辑实现了完美的统一，这将在后文做进一步探讨。另两个方形空间是餐厅和阅览室，其四角柱墩转角顶点内接的范围是一边长 140 寸的方形（中心空间），其四边则连带 3 个凹龛式的空间（周边空间）（图 2-68）。

但无论如何，在空间、形式和设备之上，赋予这一"井格"体系最强大本体意义的仍是我们在上文所说的结构，如果抛开了几何秩序对建构本体要素的掌控，它将沦为毫无意义的空间形式教条。

55

就"餐厅－起居室－阅览室"这一短肢而言,其内侧的两排"井格柱"是为了支撑隐藏在吊顶内的、用于支撑二层楼板的工字钢梁(第一圈层)而存在的,这一在其他草原住宅中并不明确存在的圈层,在玛丁住宅中被赖特异常清晰的刻画出来;外侧的"井格柱"暗示并部分升起至二层支撑了坡顶内构成屋架的工字钢梁框(第二圈层)。之所以说"暗示和部分支撑",是因为屋顶内的工字钢梁框主要是由短肢端头的长条砖墩支撑并部分借力于与梁平面对位的二层窗框的,因而这些柱中的绝大部分充其量只具有爱德华·福特所说的"逻辑相似性"的再现意义而非真实的结构意义。

在"T"字形的长肢中,内侧的两排"井格柱"同时支撑了二层楼板和大屋顶(第二圈层)。其间距宽度与短肢外侧两排柱间的宽度相等,均为280寸,这就使与之关联的两肢屋顶获得了同样的宽度,并且在坡度相同的情况下脊线等高,进而使得各坡面完美交接;而这一肢的外侧柱则已基本丧失了纯粹的结构意义,更多地限于维系空间－形式几何秩序之意义(图2-69~图2-72)。

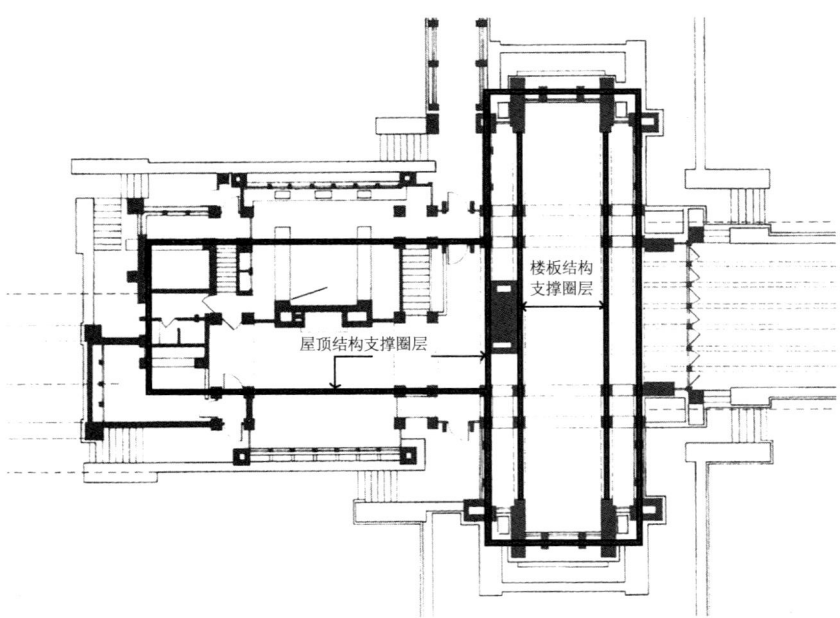

图2-69 "玛丁住宅"结构支撑与"井格"圈层对位关系分析图(笔者绘制、整理)

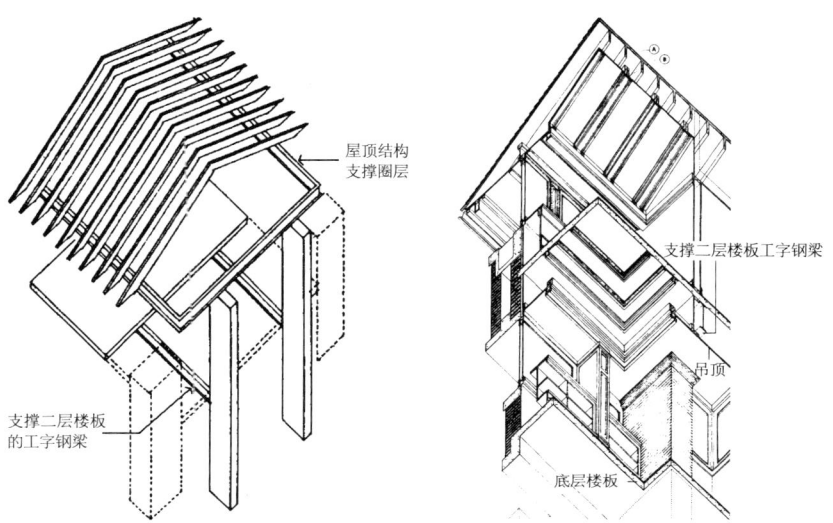

图 2-70　玛丁住宅短肢端头结构体系剖轴测图　　图 2-71　玛丁住宅暗含楼板及屋顶支撑的剖轴测图

图 2-72　玛丁住宅建造过程照片（可见支撑屋顶之工字钢梁）

对称性

就对称性而言，住宅短肢无疑是沿南北纵轴对称的。另一相对隐匿的对称发生在短肢端头的正面与侧面间，虽然赖特对两侧立面做了完全不同的形式处理，但这仅仅是外部砖墩形状、尺寸和组合穿插的皮毛而已，其内在空间和建构秩序的几何逻辑却是沿 45 度角对称的，这可以从住宅早期方案的平面图中看出端倪（图 2-73），在那里，端头的正面与侧面采用了完全相同的处理策略，两个柱墩均为长条形状，且直角相接，正面与侧面间存在着明显的 45 度角对称姿态，而最终方案只是在这一基础上将原来一致的角部砖垛转化为一纤一壮的不同形状，并将正面窗洞间的小砖垛拉长以进一步突出正面而已。而这一线索也成为我们前文索骥的"井格"秩序存在于这一端头的最有力证据。

另两重对称关系分别是建筑长肢沿东西向纵轴的对称和"厨房—接待室"沿其南北向中轴的对称。前者同时规限了住宅整体的对称性建构，而后者只规限了这一局部的对称建构。另外，住宅长肢南北两侧之"附翼"亦均有自己的对称轴。

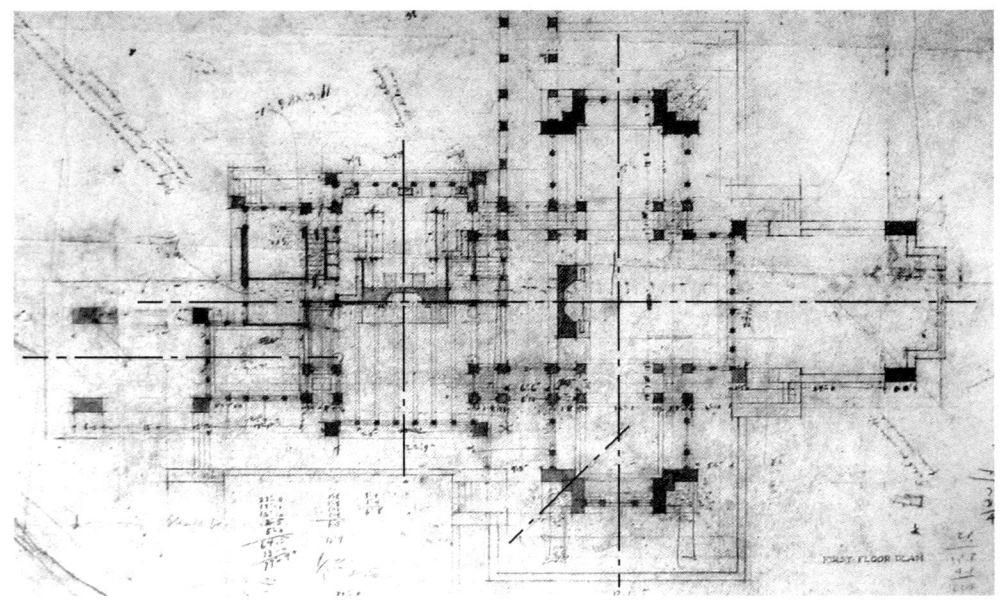

图 2-73　玛丁住宅早期平面图及其中的多重对称关系分析图

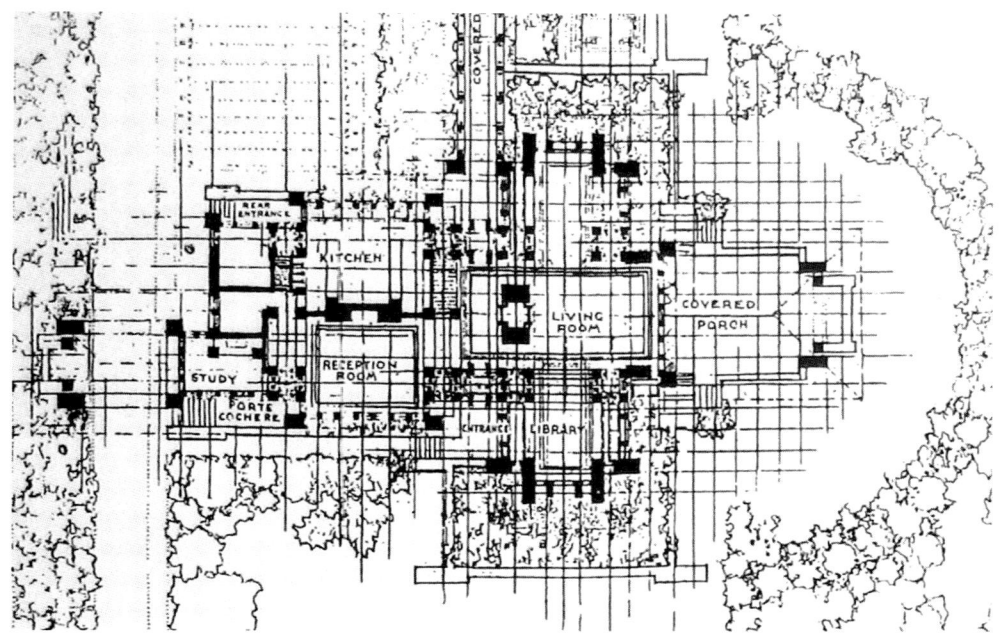

图 2-74 《建筑实录》杂志发表的由 4 尺正方形网格覆盖的玛丁住宅平面图

综上所述，"井格"体系和"对称法则"是赖特对玛丁住宅整体结构、形式、空间、设备进行宏观整合和建构的内在逻辑。但它们还无法神通广大地涵盖住宅中下一尺度层次元素的定位和建构，这一尺度层级元素在玛丁住宅中主要体现为门窗框等木构要素，真正掌控它们的是赖特的另一几何秩序法宝——"轴线法则"，那么这些要素是如何在"轴线法则"操控下从平面上理性升起的？"轴线法则"与"井格"体系间的关系又如何？我们不妨从前人对玛丁住宅的另一种几何分析入手，来索骥其中的奥妙。

轴线法则

1928 年 1 月份的《建筑实录》杂志曾发表了由模数为 4 尺的匀质正方形网格规限的玛丁住宅平面（图 2-74），并希望由此揭示玛丁住宅平面中的几何规律[1]。这样的分析虽有谬误，但并不唐突。事实上，4 尺模数的匀质

1. Jack Quinan.Frank Lloyd Wright's Martin House : architecture as portraiture.New York : Princeton Architectural Press, 2004. p175.

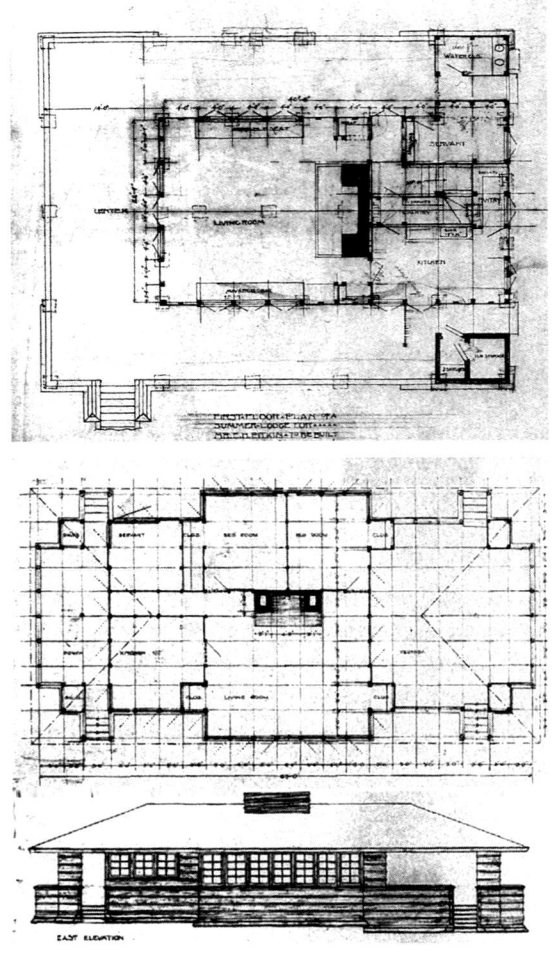

图 2-75　皮特金夏季别墅平面图和沃尔特夏季别墅平立面图

网格的确是贯穿赖特建构体系的一条重要线索，例如在赖特日后的混凝土块及"美国风"住宅体系中，它都是作为最基本的几何控制体系而存在的，这将在后文详述。而在玛丁住宅之前，这一网格体系第一次出现在赖特的作品中，可以追溯到 1900 年前后的木板条村舍（Board and Batten Cottage）系列住宅，顾名思义，这是一种木框架加木制围合板条的建造体系，由于木材特有的结构及建造特性，即 4 寸见方的木方可以同时作为结构框架和分隔门窗的竖框，因而通过匀质规整的方格网对这些木框进行限定，就同

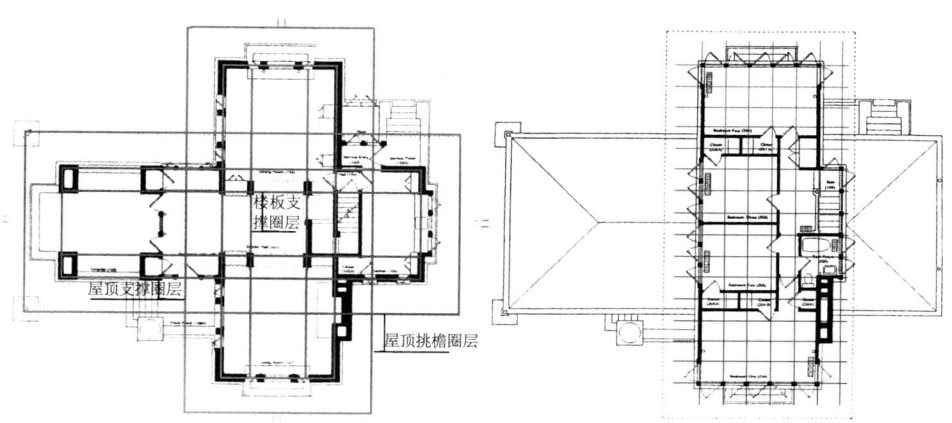

图 2-76　巴顿住宅底层平面"井格"秩序及二平面图匀质网格分析图（笔者绘制、整理）

时限定了类似于玛丁住宅中的两种要素——作为结构支撑的砖柱、砖墩以及作为填充层次的门窗框。这一体系作品中较为著名的是 1900 年建造于安大略湖畔的皮特金夏季别墅（E·H·Pitkin Summer Cottage），在这一别墅中，赖特运用了 4 尺 ×4 尺的匀质网格体系；另一个是 1902 年建造于密歇根州的沃尔特夏季别墅（Walter Gerts Summer Cottage）（图 2-75），在这里，赖特运用了 3 尺 ×3 尺的网格体系。而在赖特的一些规模较小因而构成相对简单的草原式别墅的二层，由于砖构的弱化或回避而无需"井格"秩序加以控制，或那些在外表看来是木骨粉墙的体系中由于粉墙只是"木骨"间的填充物，因而只用匀质网格控制木构即可（图 2-76）。

　　然而，将这一尺寸的匀质网格通体运用在玛丁住宅中却是大错特错了。因为正如前文所言，这一匀质网格体系归根结底是用于限定木构梁柱及门窗框建构的，如果抛离这种"几何秩序——材料建构特性"的对位操控而将之僵化为一种抽象概念，就只能流于表面的教条。如果前文揭示的"井格"秩序可以视作是赖特对玛丁住宅"砖作"结构进行掌控的几何规则的话，那么赖特的确运用了匀质网格体系对玛丁住宅中的门窗框等"木作"体系进行了规限，只是这一匀质网格的具体尺寸并非 4 尺，而是 40 寸，而且，这一网格也没有满布于整个平面内，只是在需要它发挥作用的地方"因地制宜"地出现。它在总体上内含于宏观"井格"体系并与之密切相关，偶尔又自成一体的片段存在。

　　首先，这一匀质体系最直观地浮现在底层厨房北向和接待室南向的两面从

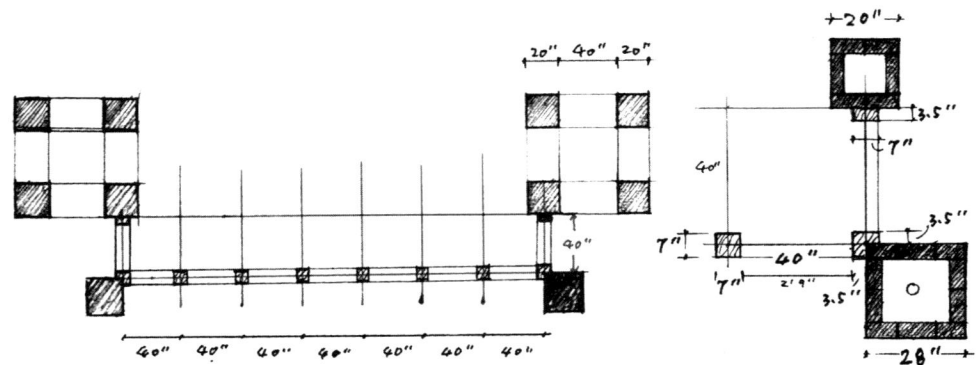

图 2-77　玛丁住宅接待室外窗建构几何定位分析图（笔者绘制）

形式到建构完全一致的外凸窗上，它们在正面均由 7 扇单元构成，每扇的轴线宽度是 3 尺 4 寸，即 40 寸，窗面总宽 280 寸。窗间分隔是由散材拼合的 7 寸见方的木框，其间净距 2 尺 9 寸，即 33 寸。作为窗扇定位的标杆，在面阔方向上，八根木框中起止两根的轴线与其内侧砖柱的轴线（井格线）严格对位[1]。

　　如果说在面阔方向上，这一控制窗框建构的匀质网格是与砖柱轴线对位的话，那么，在侧面进深方向上，两者间的对位关系则大为不同。首先，凸窗在侧面只有一扇窗，其两侧分隔木框的轴线距离同样是 40 寸。由于内侧木框刚好顶在了砖柱表面上，因而它的定位轴线是万难与柱轴线重合的，它只能贴附于柱的表面。而为了实现这一对位的精确无误，这根木框与砖柱交叠的一半被"咬去"，只剩下了砖柱外的一半。另外，在这一凸窗转角处，均有一平面为 28 寸见方的砖垛[2]与之呈顶角之势，在两者的建构对接上，赖特同样严苛之极，它们相接的顶点被严格限定在了定位木框的匀质网格交点上，以致那"弱势"的木框同样被无情地"切去"了角上的 1/4，从方形变成了"L"形。这两个节点的精确切割足以说明建构秩序在此被严格地执行，也正是这种严格的几何规限保证了各种建构要素完美清晰地共存（图 2-77，图 2-78）。

---

1. 至于赖特是先确定了"井格"在这一区间宽度再将其均分为 7 份，还是由每扇窗的标准宽度 40 寸乘以 7，进而决定了砖柱所在的"井格"体系的尺度，已无从知晓。这是一个"鸡生蛋或蛋生鸡"式的问题，其中的复杂机制应该涉及到玛丁住宅之前赖特的经验累积。而在玛丁住宅中，赖特早已对这两个体系运用的驾轻就熟，这一切只是信手拈来的结果。
2. 在结构上，它主要用来承托上文所说的、依附在主体长肢侧面"附翼"部分的屋顶。

　　起居室朝东的门窗面（图 2-79）所占据的"井格"间隔的轴线宽度同样是 280 寸，因而采取了与上两者几乎完全相同的几何建构逻辑。在正面，它同样被均分为 7 份，中间 5 份是门，边上两扇为窗，窗转角处的砖墩以同样的尺寸、同样的建构形式及几何对位方式呈现，同一建构范式的重现再次印证了规则的贯穿始终。唯一的不同是这一凸窗侧面扇窗的轴线宽度并非 40 寸，而是 28 寸。这说明网格对于赖特而言，只是工具，而非教条，

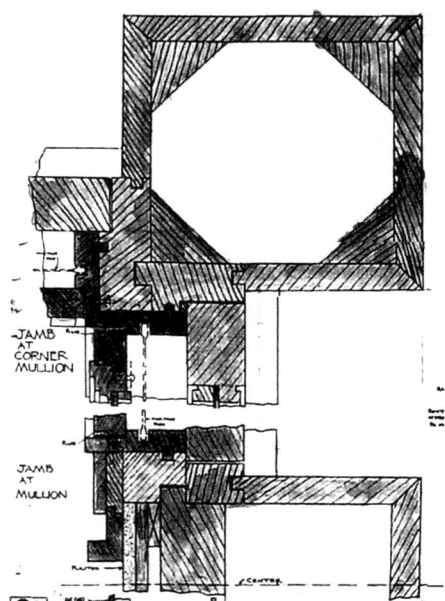

图 2-78　玛丁住宅窗框建构详图

图 2-79　玛丁住宅起居室东向内景透视图

在个别的地方是可以根据实际情况加以灵活处置的。但这种灵活并不意味着随意和无所适从，就这一节点而言，我们必须注意到连接这一"缩短"侧窗与其内侧"柱组"间的一片加厚砖墩，它虽然与"柱组"中的一根小柱相连，但厚度却向内扩出了6寸，其作用与建筑短肢端头的长条砖墩类似，从底部一直伸到二层的屋檐下，在形式上强化和勾勒出立面的中心感，由此，它的适当放大就不足为奇了。奥义在于它52寸的长度上，这一长度与28寸的侧窗相加刚好是80寸，2倍于匀质网格模数，这就意味着这一门窗面是从内侧"井格柱"外沿扩出两个网格的宽度定位的，因此，它与厨房和接待室的外窗一样，也是受到几何网格严格规限的，只不过后者仅从"井格柱"外沿扩出一个匀质网格而已（图2-80）。

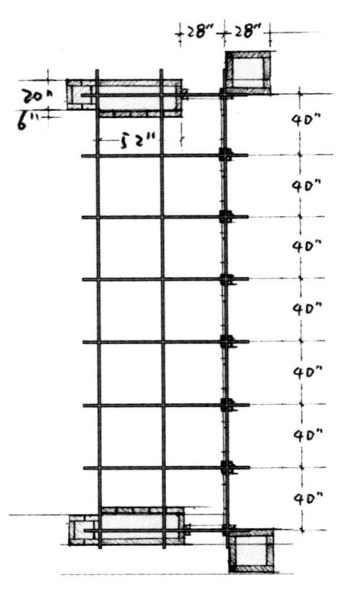

图2-80 玛丁住宅起居室东侧窗带匀质网格分析图（笔者绘制）

　　这一匀质网格在底层不仅规限了门、窗的建构，它在一个方向上的单一存在还被室内藻井上的装饰线脚精准地勾勒了出来。在底层，这样的部位有两个，分别是接待室内的折面藻井（图2-67）和起居室东侧突出部分的玻璃顶及其外侧敞廊的顶棚。在这两部分中，顶棚下纵向延伸的木质线脚与窗框或门框严格轴线对位（图2-81，图2-82），充分彰显了这一匀质几何秩序的存在。可惜的是，接待室内的折面藻井在后来的改造中被以一片水平吊顶粗劣地抹毁，后人的无知将大师巧夺天工的精妙构思化为无形，不能不说是一个遗憾。

　　至此，玛丁住宅在底层所展现的三种几何建构规则已完整清晰地呈现出来。在这样强大的建构秩序体系中，那些所谓的功能布局与空间组织只是被塞入这一体系中的附庸和结果。在这里，建筑的本体是实体的秩序建构，而空间与功能完美适从。这种建构策略更加接近于古典建筑。但我们不得不承认，如此秩序化的几何体系对于住宅而言的确过于强硬。如果说在功能和分隔要求相对宽松的一层起居空间中，它还可强行介入的话，那么在二层紧凑、封闭、狭小的卧室空间中，这种严整的几何体系是否还有存系的必要和可能呢？

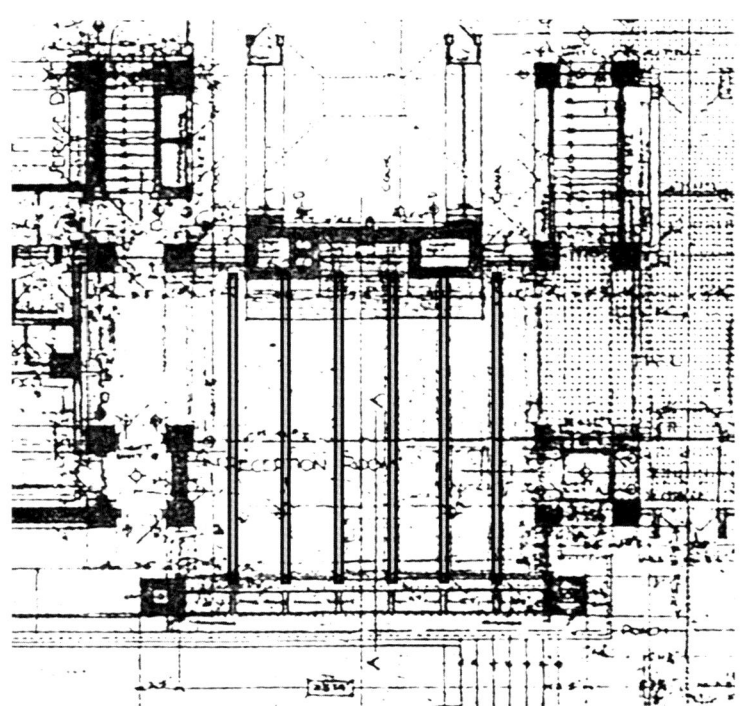

图 2-81　玛丁住宅接待室原始平面图（顶面线脚与窗框匀质对位）（笔者绘制、整理）

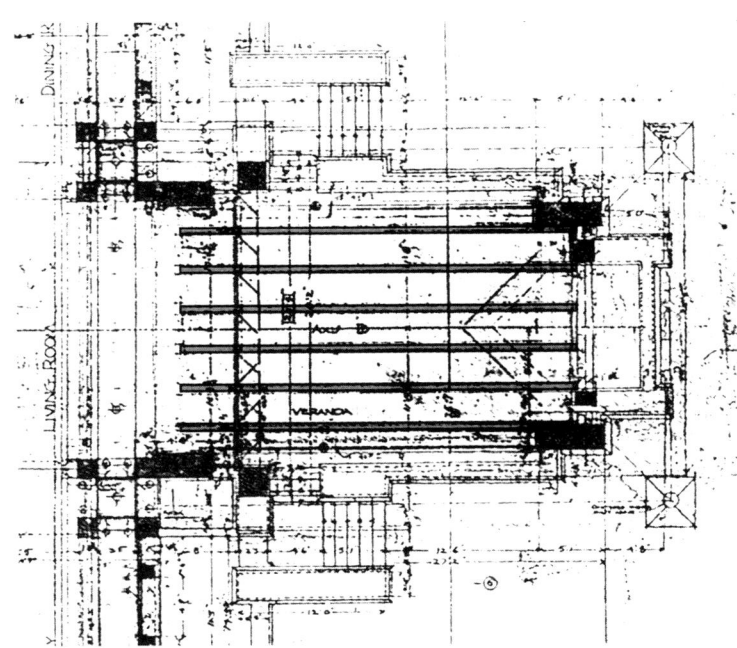

图 2-82　玛丁住宅起居室及东向敞廊原始平面图（顶面线脚与窗框匀质对位）（笔者绘制、整理）

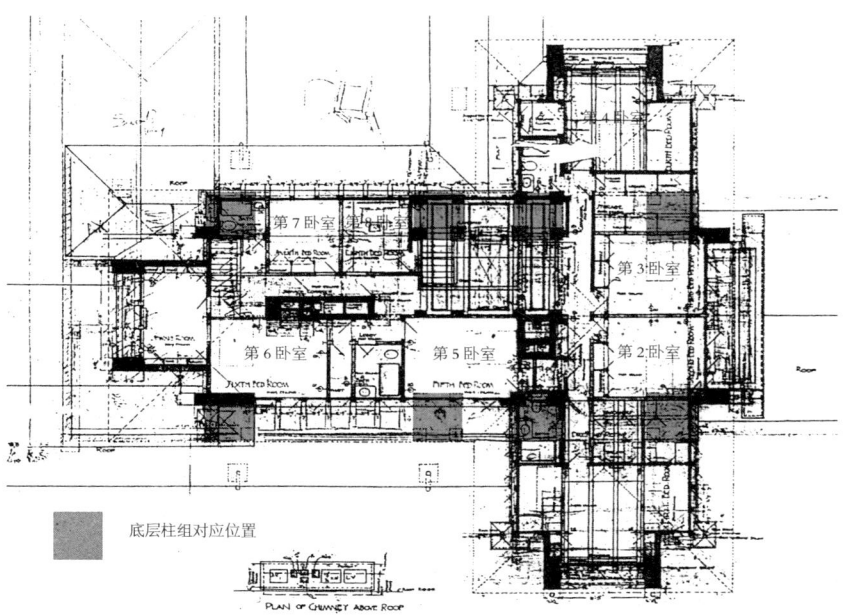

图 2-83　玛丁住宅二层平面（笔者绘制、整理）

二层的因地制宜

在二层（图 2-83），底层八个"柱组"中的共 32 根小柱，充其量只有 1/3 还可觅到踪迹，其中，唯有底层走道和楼梯端头的两个"柱组"尚属完整，然其主要目的显然是为了虚饰这一视觉联通部分在上下层间的形式连贯性（图 2-84），而另外升至二层的柱子则是为了支撑屋顶之工字钢梁。由此可见，在这里只有最为本质的、控制结构体系的几何建构要素和模式才能存续下来。然而它们或被彼此连缀重构成条形墙垛，或被内部隔墙粘连瓜分，总之，那种在底层具有清晰的形式构成、并对空间秩序产生明

图 2-84　玛丁住宅走道尽头贯通至二层的两个"柱组"透视图

确几何昭示的"井格"秩序在二层已基本丧失殆尽。

与之形成鲜明对比的是后一种直指木构的匀质几何体系却因其现实的建构意义而更加强势地呈现。显然，草原住宅在二层屋檐下几乎全是连续带形窗而绝少实嵱的形式特征是这一掌控窗框建构定位之几何体系可以在此发扬光大的客观原因。具体到玛丁住宅，其二层"T"字形平面西翼的南北面各有一片带形窗，其中每扇窗的轴线宽度是与底层一致的 40 寸，但其起止定位却根据各自的具体情况而有所区别。其中南面带形窗西端的起点位于其西侧墙垛端面的中点，这一墙垛是由底层"柱组"中靠内的两根升至二层连缀而成的。此窗由此向东连开 10 扇，然而其东端却未能到达东侧那根升至二层的柱子的端头，两者间 20 寸的间隙被赖特以砖墙填塞。由于在开间方向上这面窗的定位是从柱的侧面开始的，而底层之"凸窗"均从柱之中轴开始，因而在立面上，上下两层窗间的错位就不足为怪了。这一错位的尺寸按上述机制索骥，应恰是柱宽的一半——10 寸。再者，这面窗子内部第五、六间卧室及其间厕所的隔墙全部与窗框对位，再一次印证了几何建构体系与功能设置的完美适从（图 2-85）。

与这面窗相对的北侧外窗，在南北向上从底层柱组内侧一排的轴线"外扩"至外侧一排的轴线处，即从"屋顶支撑圈层"（大屋顶内工字钢梁所在的第二圈层）外移至"屋檐圈层"（第三圈层）。在东西向上，它东起楼梯端头"柱组"的西侧边沿，并向西连开 8 扇。因而，它与底层的凸窗及二层南侧的窗子均发生错位，而其他方面则与南侧无异（图 2-86）。这再一次印证了这一匀质网格体系的运用是片段和因地制宜的，相互间并不强求一体化的联系，因而具有高度的灵活性，然而有时这种灵活也是令人费解的。

这在二层"T"字形短肢端头侧窗的建构中明显地体现了出来。这一面窗的窗框定位与前述所有窗子都不同。其中奥义隐藏于二层"T"字形体量的西北阴角处，在这里，底层的柱组升至二层，然其北侧外表面却因北侧二层立面窗墙落差过大而被无情"切削"，由此导致以这一表面为定位起点的短肢侧窗（第四卧室）的整体定位与"井格"体系在南北向上发生微小错位（图 2-83，图 2-87），而与之南北对称关联建构的短肢南端（第

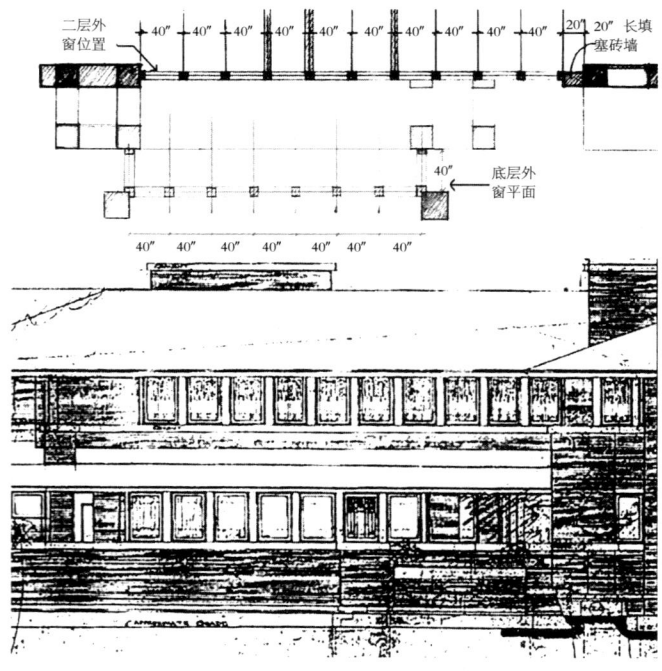

图 2-85　玛丁住宅二层西翼南面窗户几何定位分析图（笔者绘制、整理）

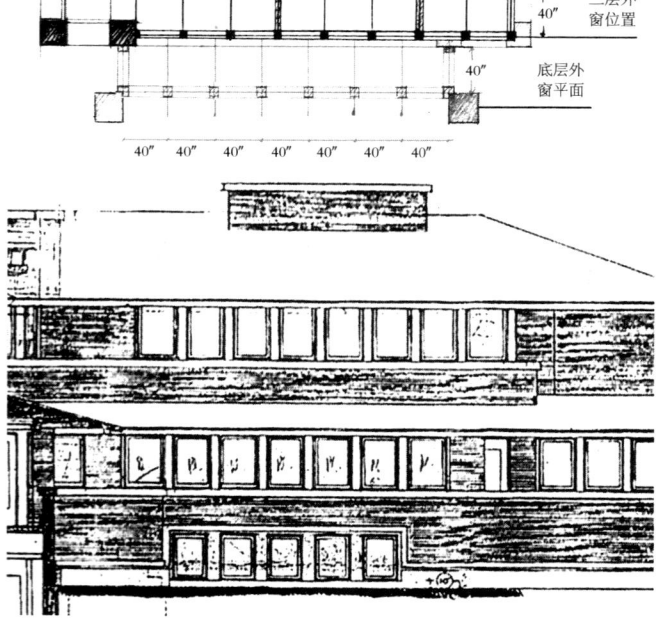

图 2-86　玛丁住宅二层西翼北面窗户几何定位分析图（笔者绘制、整理）

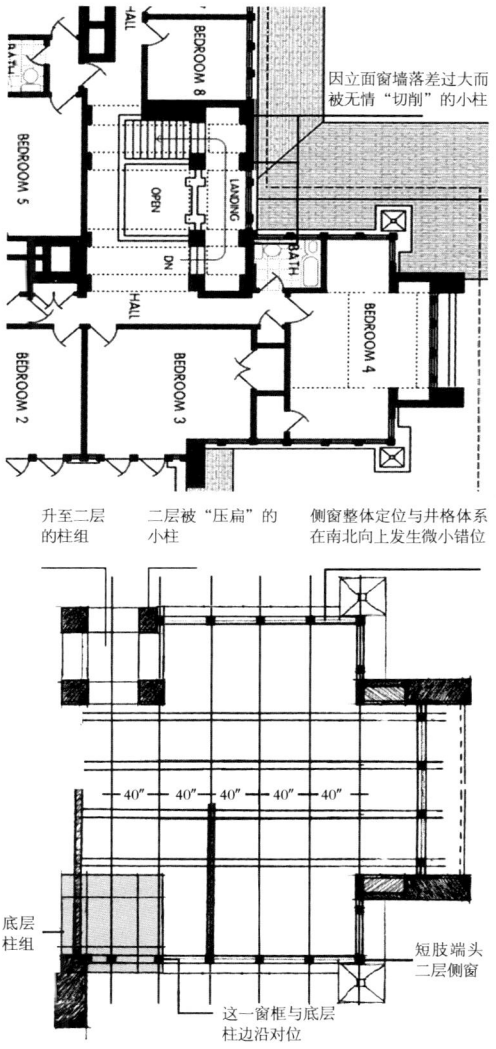

图 2-87 玛丁住宅二层短肢端头侧窗几何定位分析图（笔者绘制、整理）

一卧室）自然也难逃"厄运"。在这里，形式诉求与建造秩序激烈碰撞并引发蝴蝶效应，其内理可与密斯在范斯沃斯住宅中由于入口界面的介入而引发的端头错位等量齐观。这样的纰漏的确是整个住宅完美架构中值得商榷的一个疑窦，以笔者所见，这一节点的完美定位方式应该沿用前述各节点的通用原则，即在保全小柱完整性的基础上再建构匀质窗框。但除却这一宏观定位上的疑问之外,这组窗子自身的建构还是符合匀质网格规限的。而在"T"字形的南北西三个端面上,窗框的水平间隔也全由匀质网格操控。虽然两片砖垛间距140寸,在居中构筑了三片40寸宽的窗扇后,两边还各余10寸宽的尴尬狭缝,但赖特宁愿再用一窄条窗扇过渡,也不愿权宜地将三面窗略微扩宽(图2-88),足以见得此中几何规则之严谨贯彻。再者,如同底层的接待室和起居室外檐一样,位于二层短肢端头的第一、四两间卧室折面吊顶上匍匐的木制装饰线角也凸显了匀质网格的规限,并与窗框严格对位(图2-89)。

最后,底层西端附加在"井格"主体之外的几个小房间的外窗也衍生于这一匀质网格(图2-90)。然其整体存在只是为了在形式上脱长"T"字形的长肢并为"附翼"的介入提供契机,且明显与主体的"井格"秩序格格不入,难免有"蛇足"之嫌。这也印证了笔者在前文对"附翼"这一元素的辩证判断。

至此,蕴藏在玛丁住宅中的三种几何建构规则及其对整个建构体系的组织和规限已全面呈现。赖特对它们的运用是严谨而不教条、复杂而不随意。看似头绪繁多、丰富多变的形式表象背后却有着强大的整体逻辑法则,从宏观到微观贯穿始终(图2-91),而这正是"有机建筑"的精髓所在。

值得思辨的是,不知是一种间接的师承,抑或是完美建构体系的共鸣,赖特在这个住宅中运用的两种最为重要的几何建构规则奇妙地在其后的两

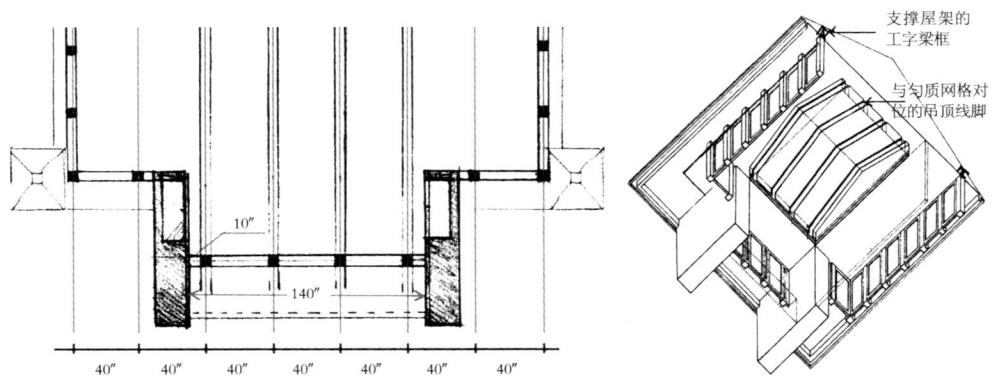

图2-88 玛丁住宅二层"T"字形端头正面窗扇几何定位分析图(笔者绘制)　图2-89 玛丁住宅第1、4卧室仰视剖轴测图

位大师那里发扬光大。其中，密斯继承了匀质网格（轴线法则），而"井格"系统被路易斯·I·康进一步整合并提升为一种更为精确和明晰的、同时涵盖功能、空间、设备和结构的秩序体系。赖特在一个住宅中的运筹帷幄同时邂逅了两位大师的终生主题。

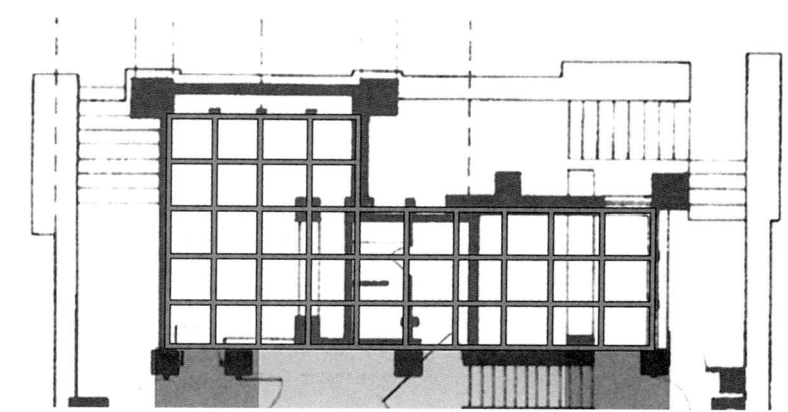

图 2-90　玛丁住宅底层西端附属房间匀质网格分析图（笔者绘制、整理）

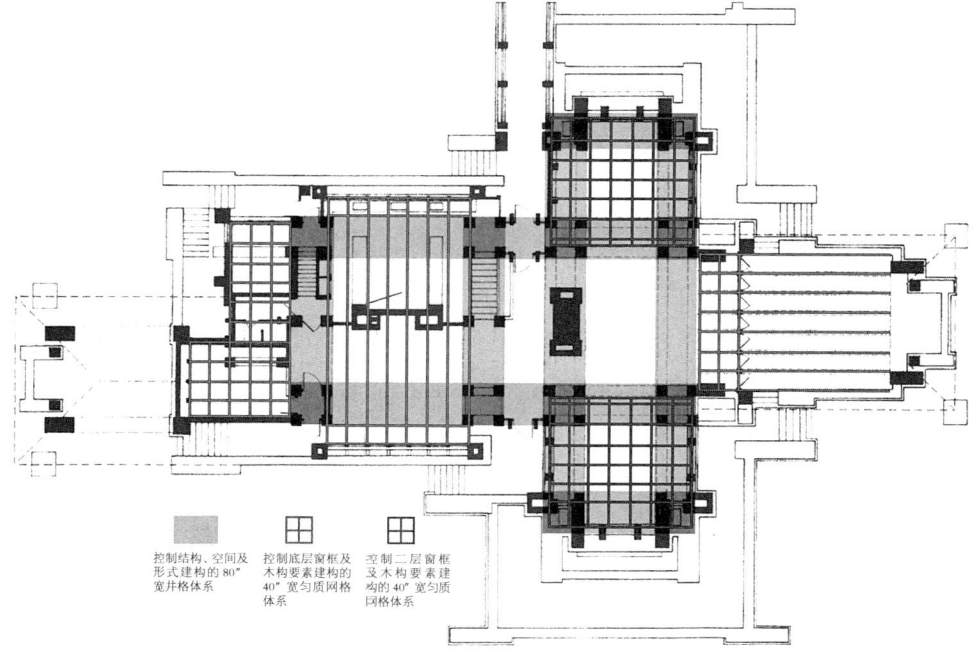

控制结构、空间及形式建构的80"宽井格体系　控制底层窗框及木构要素建构的40"宽匀质网格体系　空制二层窗框及木构要素建构的40"宽匀质网格体系

图 2-91　玛丁住宅整体建造秩序叠合分析图（"井格"体系和匀质体系）（笔者绘制、整理）

微观建构的砖块"协奏"

在探讨了玛丁住宅宏观及中观层面的几何建构秩序后，笔者将对其细节建构中蕴藏的秩序逻辑进行挖掘，这主要指其"砖作"部分。虽然住宅通体精美的"罗马玻化砖"砌筑只是一层面罩，但却不影响赖特以一种实体砌筑的观念对其进行几何逻辑上的精确建构。首先砖块被视为精确的几何模块，再由完整的单个模块去构筑建筑中的柱、墙等要素，并因此使这些构件在形式和尺度上获得基于单个砖块的精确、完美表达，最终使其精确融入宏观的"井格"系统和轴线法则。

笔者从众多构件的砌筑肌理及整体尺寸中析出了这种在"砖作"表面上运用的罗马玻化砖的基本尺寸，其宽度均为4寸，但长度有三种，分别是8寸、10寸及12寸（图2-92）。当然，这些尺寸均为砌筑后的"标帜尺寸"，即包括了砖块间砌缝的尺寸，因为它才是表现肌体几何建构精确性的直接尺寸。

我们不妨仍从构成"柱组"的20寸见方小柱开始来索骥砖块砌筑中精确的几何建构规则。在具体的砌筑中，砖柱每一砌层中相对的两边各由两块10寸长的砖构成，另外的两边则由上述两边4寸宽的端头及其间的一块12寸长的砖块构成。在竖向上，上下砌层间互呈90度角叠砌，如此循环往复，建构出整个砖柱（图2-93，图2-94）。

另一个在建筑中具有普遍性的构件是前述与底层木构门窗顶角相接的28寸见方砖柱，它在整个底层中出现9次，且其基本定位机制相同，均位于凸窗转角，其中较为彰显的是位于接待室及厨房外窗转角处的4根及起居室东侧门窗带转角处的2根，另外3根位于主体西侧附加部分窗带的转角处。其具体组构原则与前者类似，每一砌层中相对的两边由2块8寸长砖块夹着一块12寸长砖块构成，另外两边则由上述两边4寸宽的端头及其间的两块10寸长砖块构成，上下砌层间也呈90度角反复叠砌，进而构成整个砖柱（图2-95）。

整个住宅中最小的一种砖柱非餐厅和阅览室侧窗中作为窗间分隔的砖柱莫属。其方形平面边长12寸，由4块8寸长砖块首尾对接呈风车状构成，

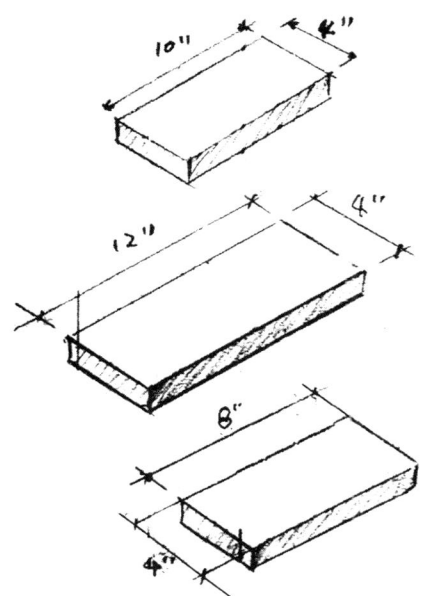

图 2-92 玛丁住宅不同尺寸砖块类型示意图（笔者绘制）

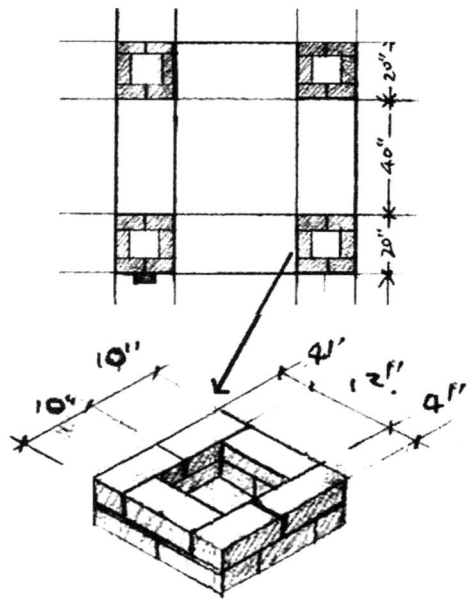

图 2-93 玛丁住宅 20 寸砖柱砖块组构详图（笔者绘制）

图 2-94 玛丁住宅 20 寸砖柱

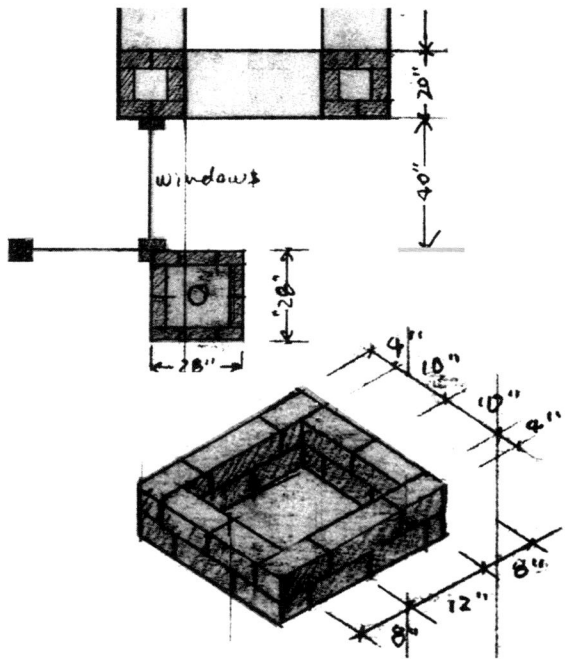

图 2-95 玛丁住宅 28 寸砖柱砖块组构详图（笔者绘制）

上下两砌层反向砌筑，进而形成逐层错缝的立面表现。至此，玛丁住宅中三种典型砖柱的几何建构规则已清晰呈现。事实上，不仅是这些砖柱，住宅中大量的砖墙和砖墩也可精确纳入这种精准的几何建构规则。

事实上，砖柱本身并非完全孤立，例如上述后两种位于窗角及窗间的砖柱在窗下部分就都与窗下墙融为一体。以下仅以上述最后一种砖柱的窗下墙为例，来说明砖墙砌筑中的几何逻辑及其与砖柱对位融合的精巧细密。这段砖墙的端头分别倚靠在内部一根"井格柱"和建筑转角大柱墩的侧面，在东西向上，它与其倚靠的"井格柱"轴线对位，厚度是与其上砖柱相等的12寸，因而其内、外表面分别从"井格柱"的内、外表面凹陷了4寸。在长向上，它的一个砌层由中间的11块12寸长的砖块和两端各4寸宽的砖块端面组成，总长140寸；与之错缝的上下砌层由中间的10块12寸长的砖块和两端两块10寸长的砖块构成，前述窗间柱的平面则对位于前一个砌层两侧第三块12寸长的整砖。由此形成的3个窗洞中，中间较大的宽60寸，两侧较小的宽28寸。（图2-96，图2-97）。这一砖墙的几何建构逻辑同样适用于建筑短肢端头正面上由两片长条砖垛夹嵌的墙体，因为前述宏观的几何建构规则已确保了两者的转角对称和尺寸一致。唯一的不同在于

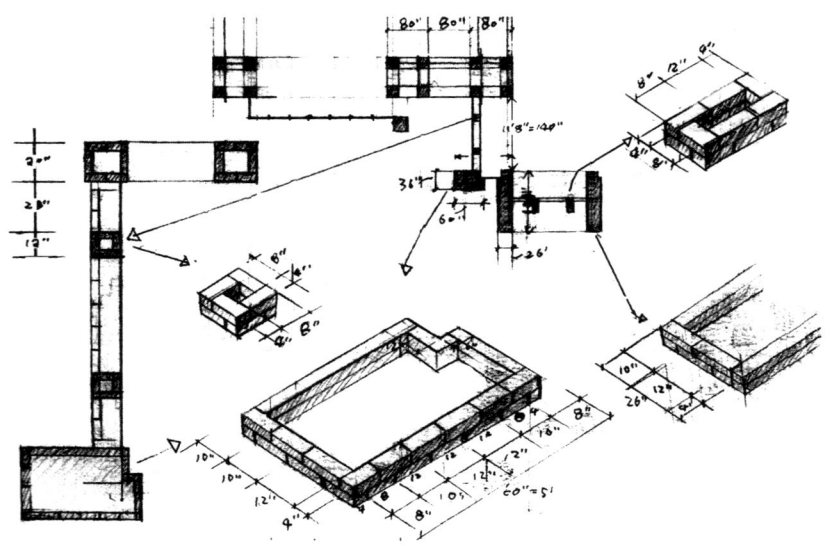

图2-96　玛丁住宅短肢端头、转角砖块组构详图（笔者绘制）

图 2-97 玛丁住宅短肢侧窗外立面细节

正面窗洞中两根窗间砖柱在进深方向上向外拉伸了12寸，这是通过在这一砖柱侧面的两块砖中夹砌一块12寸长的砖块而实现的。由此可见，赖特对宏观形式的诉求并不会牺牲微观建构的完美表达，相反，两者是统一的。

事实上，这种基于砖块完美组合的微观几何建构规则涵盖了建筑的每一角落。所有的砖作墙柱都可按这一原则精确建构，几何的建构被推衍至一块砖的尺度。本质上，由于砖块尺寸从4、8、10到12寸的多变，使其砌筑构件的最小尺度差别可以达到2寸，这就不难保证所有的砖作构件在达成微观层面的精确几何建构表达后，仍可完美纳入宏观的几何建构秩序。

当我们赞叹于密斯在乡村砖宅中对砖块铺砌所进行的精确推敲时，殊不知早在20多年前，赖特就已达到了这样的高度，且相比于密斯的单一与刻板，赖特显得更加灵活和从容。事实上，这种对砌块完美组合的苛求是每个大师级设计者不约而同的建构诉求，在笔者论及的另一位大师——路易·I·康的作品中，这一特质同样存在。

竖向的"语法"

装饰的意图

在赖特的自传中，他承认自己受到了两本书的影响，其一是维奥莱—勒—迪克的《建筑谈话录》(*Discourse on Architecture*)，其二是欧文·琼斯 (Owen Jones) 的《装饰的语法》(*The Grammar of Ornament*)。这两本书中关于装饰及其与结构关系的论述对赖特产生了影响。然而，关于这一点，上述两本书中的观点在很多方面是背道而驰的。尽管维奥莱-勒-迪克是一名忠实的哥特结构理性主义者，然而他关于装饰造型 (Moldings) 的理解却是倾向于古典主义的。他认为装饰造型的目的在于为建筑创造一个基底

（footing）、标识一个高度（height）、圈定一个开口（opening）。简言之，是为了促成连接、转折和空间形式秩序。欧文·琼斯正相反，他不喜欢古典的装饰方式，在论述希腊建筑的装饰时，认为它们是不合标准的（wanting）、毫无意义的，仅仅是装饰而绝无再现的意义。因为归根结底，它并非是建造性的，它们最早是绘制在建筑上的，而后是雕刻其上的，对它们的剔除，毫不影响建筑主体的建造完整性。相反，他认为哥特的装饰系统是与真实的结构相统一的，并受到他的赞许[1]。与此类似，赖特认为装饰应该"从属于"（of）而非"贴附于"（on）材料的表面，应该是"建造性的"（constructive）、而非"表面性的"（applied）[2]。

然而我们却不能忽略这样的事实，那就是欧文·琼斯是带着强烈的反西方正统古典价值体系的立场去完成他的著作的，因而，他对正统古典装饰体系的批判并非是完全客观的。而赖特上述关于装饰的说辞我们也必须参照其作品细加分辨，因为事实永远胜于雄辩。建筑的复杂性和矛盾性决定了其现实中的具体做法和策略远没有其说辞那样单纯和绝对。至少，赖特草原住宅中的装饰体系事实上更接近于维奥莱－勒－迪克的认识，即更加类似于古典的方式。

首先，草原住宅中近乎繁乱的装饰线脚虽然部分"逻辑相似"地表现了结构，但更多的是用于对空间和形式秩序的刻画，其在根本上并不完全指向或再现真实的受力结构。然而，这并不意味着这种装饰就象欧文·琼斯所理解的那样是不合标准、毫无意义的，因为空间和形式本身也有其内在的、合乎秩序的逻辑。这种逻辑部分的源于结构的逻辑，例如，对于一个单层的空间而言，按结构的逻辑，它在竖向上必然由柱及柱上的梁两段构成，梁上才是楼板。与此对应，自古以来，无论东西方，单层空间的内部竖向分段均为两份，下面的一段是墙或柱的区域，上面一段是梁的区域。而这种源于结构逻辑的分段逐渐抛离了原本的结构意义而成为一种固定的空间竖向划分的式样。这种式样通过装饰线脚及墙

1. Owen Jones.The Grammar of Ornament, 1856.New York：Portland House, 1986：33.
2. 转引自 Edward R·Ford, The details of modern architecture. Cambridge, Mass.：MIT Press, c1990：169.

图 2-98　传统日本住宅室内空间透视图

与梁在形式上的夸张分化被进一步强化为定式。例如，中国传统木构体系中斗栱与柱的分野及东、西方古典建筑中均被强烈式样化"藻井"便是例证（图 2-98），这与博提舍所谓从"核心形式"向"艺术形式"转化的逻辑颇为内和。

　　草原住宅的室内空间便严格执行了这样一种"艺术形式"的竖向分段逻辑 [1]。在所有成熟的草原住宅中，赖特均会用木制线脚勾勒出室内的这一竖向分段秩序，线脚以上意喻着梁和藻井，以下则是墙（图 2-99）。这在某些情况下是与真实的结构相呼应的（图 2-100），然而更多时候，它只是一种空间竖向分段的式样，即在被装饰线脚精心刻画出来的"藻井"和"梁"

---

1. 有些学者认为赖特的这种"分段逻辑"是受日本建筑的影响而产生的，笔者认为不尽然，正如前面分析的那样，这种室内空间的竖向分段秩序是东西方所共通的，天才的赖特应该早在 1893 年看到芝加哥"哥伦比亚世博会"上名为"凤凰堂"（Ho-o-den）的日本亭阁之前就已体认到了这种亘古不变的空间逻辑。这可以从赖特在此前设计的地道古典风格的密尔沃基图书馆（图 2-101）方案中得到证明，在这里，从未受到过任何正规古典主义建筑训练的赖特对西方古典建筑的掌握和理解几乎可以达到辛克尔的水准。因为它呈现出的决不仅仅是式样或风格，而是其背后作为西方古典建筑精髓的逻辑、秩序和法则，其中必然包含这一简单却永恒的空间竖向分段法则。

图 2-99　玛丁住宅餐厅
（可见空间的竖向分段）

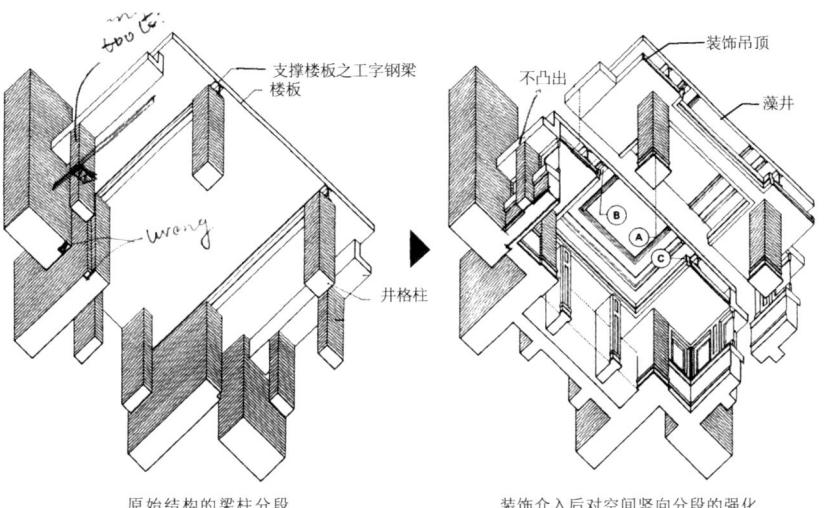

原始结构的梁柱分段　　　　　　　　装饰介入后对空间竖向分段的强化

图 2-100　玛丁住宅阅览室、餐厅内结构本体与装饰体系对空间竖向分段的规限

图 2-101　赖特设计的古典风格的密尔沃基图书馆透视图

的区段内并没有真实结构梁的存在，例如在前文论述的威利茨住宅中，真正支撑楼板的梁是位于藻井区段以上的抹灰吊顶内的。

"错位"的竖向分段语法

如果说赖特通过装饰线脚对草原住宅室内空间进行的竖向分段划分尚可觅到一些结构秩序上的根源的话，那么草原住宅外立面的竖向分段则只剩下"形式"的意义了，甚至可以说这一分段在很大程度上抹杀了结构和内部分层的真实逻辑。然而，这一分段却被赖特自己喻为"语法（Grammar）"[1]。

这一"语法"的基本内容是：在住宅两层高的体量中，底部的墙体延伸至二层窗台下，构成竖向分段的第一个层次；二层的窗户被设计成连续的窗带，其竖向的高度范围从窗台一直延伸到二层大屋顶的底面，构成竖向分段的第二个层次；其上的大屋顶则是第三个层次。底层的窗以窗洞的形式出现在第一个层次的实墙上，因而不至打破实墙体量的完整性。而在住宅中单层的侧肢或附翼中，这种"三段式"依然存在，只是上述第一个层次的实墙部分只延伸至一层的窗台下。其上部的层次构成则与二层体量上部的情况相同。在此基础上，赖特通过设置较高的室内外高差或设置半地下室提升底层楼板的高度，进而从外立面上增加底部实墙部分的高度，以维系三段之间优美的比例关系。另外，单层体量的分段与二层体量的分段间也存在着明确的对位关联，即单层体量的屋顶底面与二层体量下部实墙段上窗洞的上沿严格水平对位，而其顶点屋脊则卡位于实墙上沿，即二层窗带下沿。最后，在主体体量的周边通常围绕一圈更加低矮的装饰性台座，以形成立面最底下的一个平展的层次，从而使整体的立面构成更加丰富（图2-102，图2-103）。

至此，笔者已将草原住宅在外立面上的竖向分段逻辑完整、清晰地呈现出来了。这是一个层次丰富且逻辑严密的几何分段体系。赖特的草原住宅虽数量繁多，材料、样貌各异，但其基本的竖向分段却大都遵循这一

---

1. Edward R·Ford.The cetails of modern architecture. Cambridge, Mass. : MIT Press, c1990 : 172

几何逻辑。它类似于西方古典建筑"竖三段"的分段方式，但却不能与之完全对应，因为传统的"竖三段"虽被视为一种形式化的策略手段，但它仍与建筑内部的竖向空间和结构的分层逻辑对位，而赖特草原住宅的立面分段"语法"却游离了内部的这一秩序。这种分歧同样发生在草原住宅和所谓"对其具有原型参照意义"的日本建筑之间，因为传统的东方木构体系中，由基座、墙身及屋顶三部分所构成的"纵三段"的形式秩序也是与实际的建造和空间逻辑同构的。即无论在传统的东方木构体系抑或西方石筑体系中，外部的分段秩序与装饰建构和内部的空间逻辑间都存在着明确的同构对位，而在赖特的草原住宅中，外部形式和内部空间、结构的竖向分段间却存在着明确的错位，例如建筑内部分层的梁板结构位于上下两层窗间墙的中间部位，而在外立面上却难觅对其存在的哪怕是一丁点的暗示（图2-104）。

图2-102　玛丁住宅南立面局部透视图

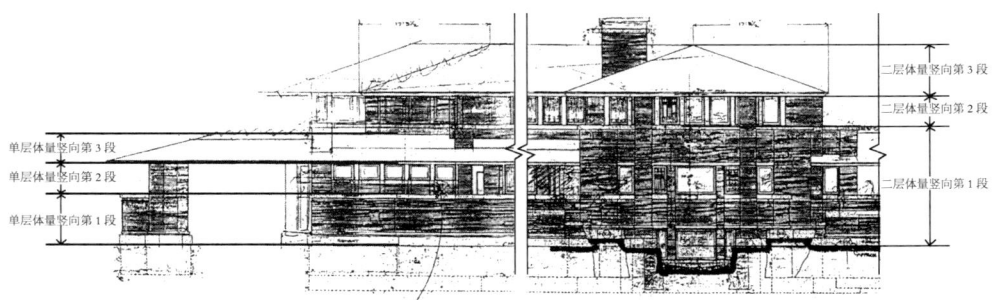

图2-103　玛丁住宅南立面竖向分段分析图（笔者绘制、整理）

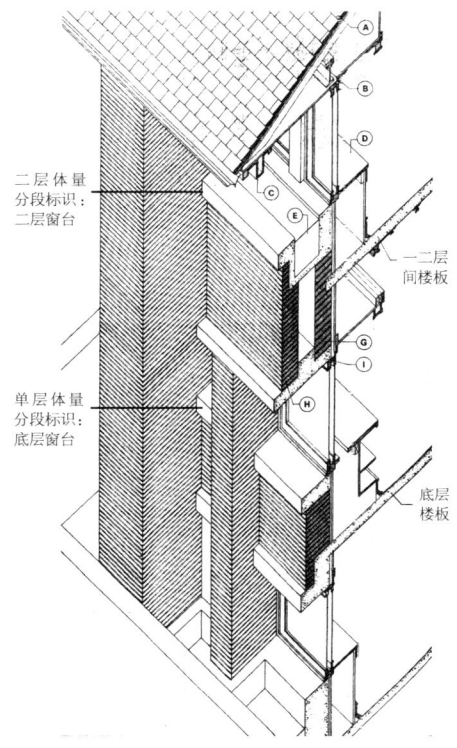

二层体量
分段标识：
二层窗台

一二层
间楼板

单层体量
分段标识：
底层窗台

底层
楼板

图 2-104 玛丁住宅内部空间与外部形式竖向分段间
的错位分析图

然而，一个奇怪的悖论是这种内外分段的"错位"却使得前文所分析的内部空间的竖向分段获得了一种恰当的生成契机。例如，在底层中，窗洞上沿与其上楼板间的错位距离刚好实现了室内竖向空间分段上的"藻井"区域，藻井下分隔墙面和藻井的线脚则可与外墙窗洞上沿的线脚对位。再如二层室内空间的墙面顶端也刚好与二层屋顶挑檐底面齐平，墙面上段的藻井区段则嵌入屋顶内部。事实上，正是这种错位成就了内部空间的分段。由此，我们必须改变我们之前对这一"错位"的消极判断，相反，它是一种比古典建筑简单的"纵三段"策略更加精巧的几何策略，正是由于它的运用，使得草原住宅的内部空间和外部形式同时获得了完整自由的表达（图 2-105）。

综上所述，草原住宅的竖向分段是其竖向

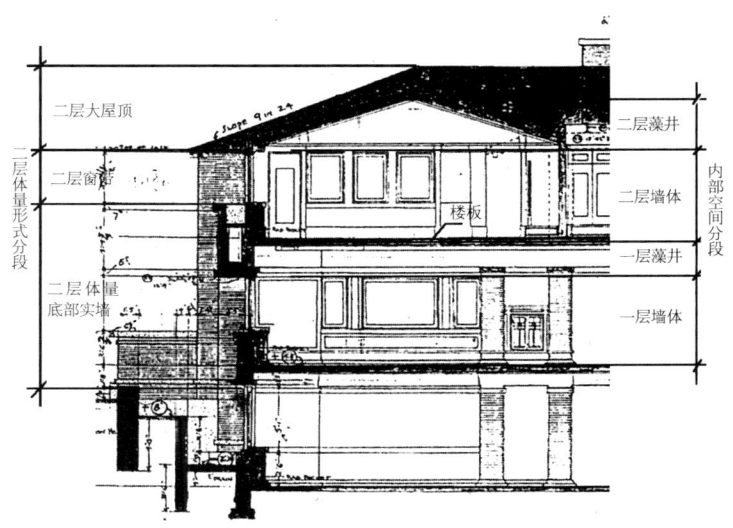

二层大屋顶

二层
体量
形式
分段

二层窗洞

二层体量
底部实墙

二层藻井

二层墙体

一层藻井

一层墙体

内部
空间
分段

楼板

图 2-105 玛丁住宅内部空间与外部形式竖向分段几何对位关系分析图（笔者绘制、整理）

建构中的一种固定法则和模式，将内、外原本独立的空间和形式塑造完美互融，同时整合装饰与结构等多重建筑要素，是赖特天才的独创，并将之上升到"语法"的高度。

在此基础上，装饰成为标识这一分段"语法"的最有力手段。反过来也可以说草原住宅中装饰的第一要务就是如同维奥莱－勒－迪克所分析的古典装饰那样，去创造一个基底、标识一个高度，无论是内部的木制线脚，抑或是外部砖墙上的混凝土条带，都是为了促成这一目的。而接下来一个层次线脚的作用是为了强调和圈定一个闭合的几何界面或开口，这主要是指室内的顶面、墙面及窗洞。在顶面上，环状的装饰线脚通常是从一个完形的几何界面的边界向内层层缩进（offset）。玛丁住宅"餐厅——起居室——书房"藻井上的多圈木制线脚、走廊顶棚上的木制线脚（图2-106）以及柱组间凹龛（周边空间）吊顶上的闭合线脚（图2-107）就是如此。而墙面上层层相套的线脚也在清晰、有序地围合着各自的"领地"。由此可见，草原住宅中看似庞杂多变的装饰线脚实则均源于逻辑清晰、层次分明的几何秩序，简单规则的重复运用造就了复杂的呈现（图2-108）。

图2-106　玛丁住宅走廊顶棚线脚细节

图 2-107　玛丁住宅柱间吊顶上用于围合界面的装饰线脚

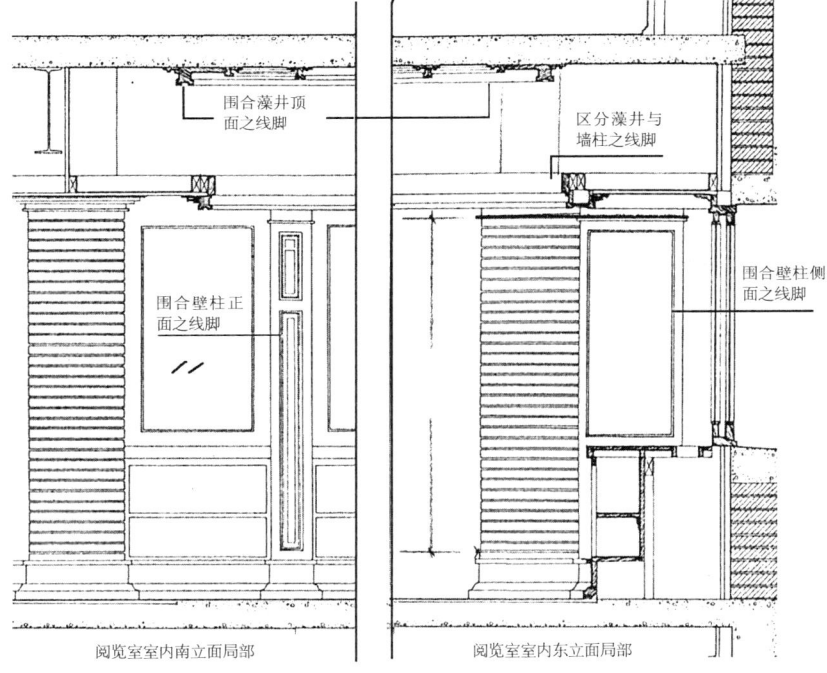

图 2-108　玛丁住宅阅览室柱面、顶棚装饰线脚详图（笔者绘制、整理）

事实上，草原住宅严谨的竖向几何操作不仅止于空间和形式在宏观尺度上的分段，正如在平面上，玛丁住宅的几何秩序可以深入到微观的单个砖块的组构中一样，在竖向上，几何的分段叠加逻辑同样可以细化到块砖的几何叠砌中。

微观叠砌的砖构"标杆"

在玛丁住宅中，细长的罗马玻化砖的层叠仿佛是一根竖向的标尺，精确地定位了住宅中几乎所有构件的竖向位置和量化高度。每层砖砌筑后的实际厚度（包括砌缝）就是这根标尺上的最小刻度，它的具体数值笔者尚未考证精确，大约在 2.1 寸 ~2.2 寸之间，也许它根本就不是一个精确的数值，但这并不妨碍它成为住宅在竖向叠砌过程中的基本定位刻度。即上述宏观竖向分段的每一区间，无论是外部的一段砖墙，或是砖墙上的一条混凝土饰带，还是内部的一个分段空间的高度区间均对应着整数层的砖层。

就建筑的外立面而言，从建筑西侧室外地坪上的混凝土基座顶面到一层窗台下沿的区段，即单层体量"竖三段"中的最下一段由 25 皮砖构成，其上的混凝土窗台条带的厚度相当于 4 皮砖的厚度（图 2-109）[1]，窗台上一层窗户的高度区间则对应着 23 皮砖，其上则是单层体量（包括西侧的附翼和东端的敞廊）的大屋顶底面。在升起为二层的体量中，一层窗户的上沿是一条 2 皮砖厚的混凝土饰带，这一条带的底面与一层大屋顶底面的抹灰齐平，这种严格的对位充分说明了砖块的几何叠砌对住宅竖向建造定位的绝对控制。从这一条带向上继续砌筑 25 皮砖，就到达了我们前文所说的二层体量底部实墙区段的顶端，也即二层窗台板的下沿，其上作为建筑立面分段标识的窗台板的厚度相当于 3 皮砖厚（图 2-110）。从这一窗台向上是二层窗户所占据的区间，它的高度被严格地锁定为与一层窗户相同的 23 皮砖高。这一高度定位上的同一性与平面内由匀质网格所规限的窗扇宽度的同一性共同保证了窗在具体建构中的标准化预制，而这全拜理念及方法上理性的几何策略所赐。这层窗户之上就是作为最后一个立面区段的二层大屋顶。

---

1. 当然，这一区段主要彰显于环绕在住宅西侧的、围合入口平台及敞廊的矮墙中。这一围墙上沿的混凝土饰带与一层窗台在高度及定位上是完全一致的。

图 2-109　玛丁住宅西北角局部透视图（围合入口平　图 2-110　玛丁住宅"二层体量"上部砖块叠砌逻辑
台及敞廊的矮墙由 25 皮砖构成）

　　至此，玛丁住宅在外立面上由微观砖块叠砌定位和标识的几何分段逻辑已揭示清楚。事实上，这样的几何分段逻辑可以顺理成章地延伸到室内空间的竖向细分中，因为从以材料为主导的建构角度而言，均为砖造的室内外并无本质的区别。现实中，赖特也的确是这样做的，笔者仍将以住宅底层最具标志性的那些 20 寸见方的砖柱为标杆去索骥这一几何叠砌规则对室内空间分段及定位的精确控制及其与外立面的关联。

　　首先，这一砖柱中段由砖层叠砌的部分共由 32 皮砖构成，其上下各有一圈木制线脚。而与这一砖柱对位建构的接待室北侧壁炉所在的砖墙底部是没有线脚的，这片墙从上到下的砖砌部分共有 37 皮砖构成（图 2-111），这就证明了柱子下部的、形式意喻为古典柱础的木制线脚的高度应该是 5 皮砖的厚度（图 2-112，图 2-113）。然上部柱头线脚的定位则异常复杂，在这里我们不能将之孤立看待，必须将它和与之相对的吊顶封边线脚（图 2-114，图 2-115）放在一起加以考量。正是后者将室内空间在竖向上划分为"墙柱"和"藻井"两个区段，因而可以说它是整个住宅内最为重要的装饰线脚。从外侧看，它明确地分为上下两层，而在其与柱头线脚相对的内侧，它的剖面形式与柱头线脚上面的一段完全一致，两者呈对称之势，

37 皮砖

图 2-111　玛丁住宅接待室北侧壁炉所在的砖墙（共有37 皮砖构成）

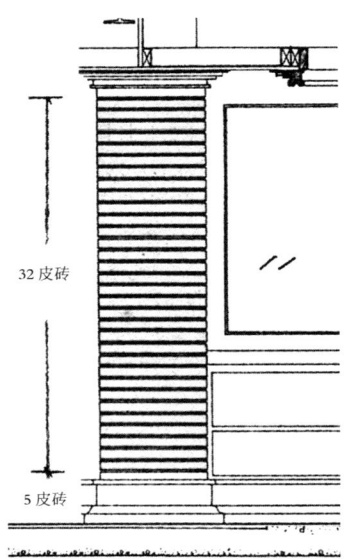

32 皮砖

5 皮砖

图 2-112　玛丁住宅砖柱竖向几何叠砌详图（笔者绘制、整理）

而柱头线脚下面的一圈紧箍在砖柱表面部分的高度刚好是一皮砖的厚度。笔者之所以不厌其烦的赘述两种线脚的形式及对位关系，不仅仅是想揭示两者之间存在着的一种局部剖面形式上的几何对称关系，更重要的是通过两者的竖向对位关系，我们可以得到以下的推论：上述吊顶封边线脚的下沿到室内地面的竖向高度应该恰是 38 皮砖的高度。事实上，这一线脚底面才是室内空间二分定位的准确界线，而并非是被其包饰的抹灰吊顶的底面，抑或是柱头线脚的底边。一个非常充分的佐证是只有这一底面才能真正地与室外一层窗洞的上沿严谨对位（图 2-116，图 2-117）。

至此，通过内外砖层在这一点精确的对位关联，我们已经可以在室内外要素的竖向定位间建立起精确的对位。例如，

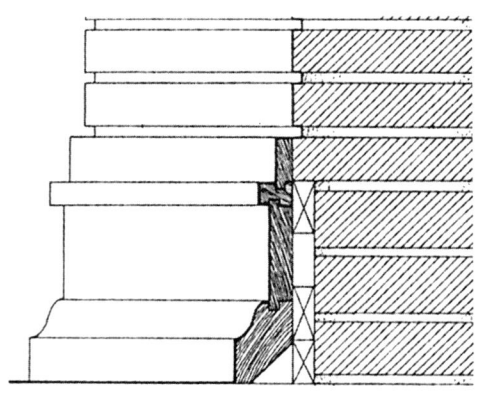

图 2-113　玛丁住宅砖柱柱础木构线脚详图

图 2-114　玛丁住宅吊顶封边及柱头　图 2-115　玛丁住宅吊顶封边及柱头线脚细节 2
线脚细节 1

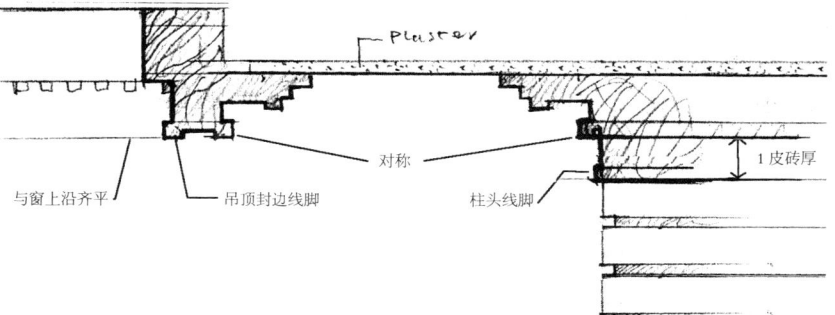

图 2-116　玛丁住宅吊顶封边及柱头线脚剖面详图（可见两者对位关联）（笔者绘制）

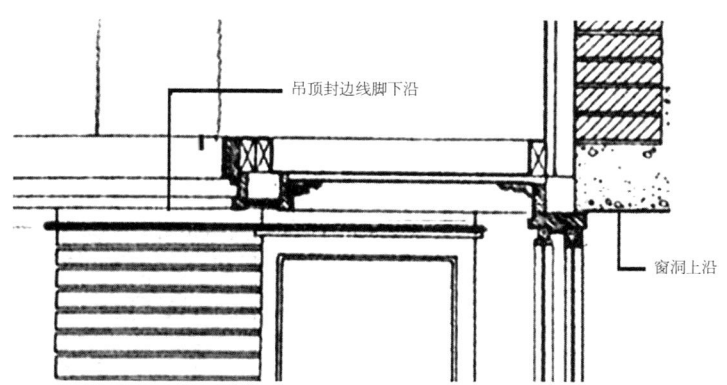

图 2-117　玛丁住宅吊顶封边线脚与窗洞上沿剖面详图（可见两者对位关系）（笔者绘制、整理）

一层室内砖柱或砖墙的最上一皮砖是与外部一层窗洞上沿下的第二皮砖平齐对位的,而室内地坪是与窗洞上沿向下的第38皮砖的底面对位的,而室内地坪到一层窗台上沿的距离应是15皮砖的厚度。由此,我们也可以进一步索骥出住宅内其他元素与这一"砖构标杆"之间的对位关联(图2-118),在这里不再——赘述。

至此,玛丁住宅在竖向上从外部形式到内部空间再到微观砖层叠砌的几何建构逻辑已基本阐释清晰,而笔者对草原住宅的探讨也可暂告一个段落。

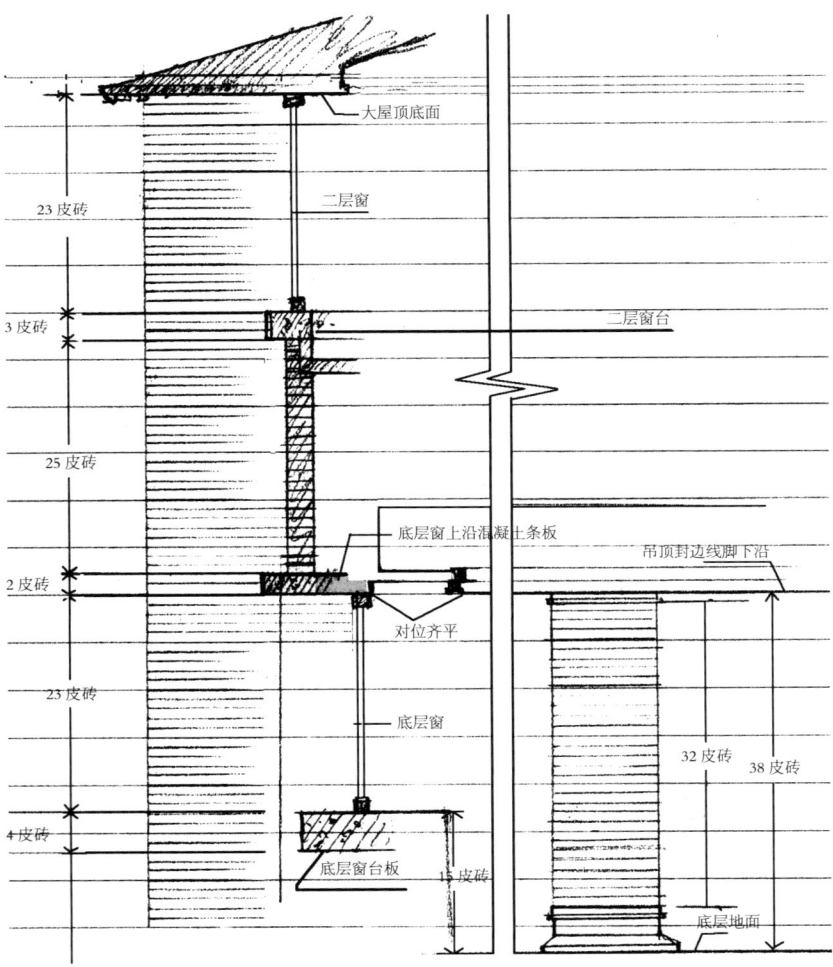

图2-118　玛丁住宅竖向叠砌对位分析图(笔者绘制)

从上文全方位，多角度，多层面的几何分析中可以看出，几何秩序作为一种具有理性和逻辑同时也是灵活、多变的方法和理念，操控了草原住宅从总体构成到平面空间秩序建立、不同材料要素建构体系生成、微观砖块砌筑直至竖向空间、形式分段和砖块叠砌建造的全过程，是赖特用简单法则营造复杂体系的完美诠释。

相较于笔者论述的另两位大师——密斯和康而言，赖特在草原住宅中所呈现的秩序显然是灵活而多样的，但同时也是复杂和矛盾重重的。其症结在于：草原住宅在根本上首先是一种空间和形式上的革命性创造，在空间上，它将古典的集中式静态空间分解为线性流动空间的十字形穿插，从而与环境肌肤相亲；在形式上，它将古典静态对称稳定的形式构图分解为不同尺度层次体量及要素的丰富动态穿插，强化水平构成以反转古典的竖向稳定构图。它在这一层面上的创新不亚于柯布西耶的"新建筑五点"。然而，这种空间形式上的自由灵动难免与严谨的秩序发生冲突，其中的纠结应与密斯在德国馆中的尴尬相通。事实上，我们不得不承认，抛弃支撑悬挑圈层的结构意义，玛丁住宅中八组柱组所形成的"井格"秩序在住宅宏观空间形体构成面前显得有些格格不入，在某些地方（例如外部端头），赖特不得不对其进行适当的变异或蛇足般地加入其他要素来完成形体及空间的塑造，而蕴含于支撑结构悬挑的"井格"秩序与空间构成的"井格"体系间亦是游离错位的。由此，这一秩序犹如强加的傀儡般并未真正的统领全局。

另外，在空间形式与建造秩序的宏观矛盾之下，我们不得不承认玛丁住宅中的"井格"系统与匀质体系及其相关的建构要素还远未达成完美契合，相互间的错位协从比比皆是。其本质矛盾在于两种材料建构模式及其建造秩序的宏观调和之法仍未建立。然而两种体系的真正融合谈何容易，其大道在于用一种体系融解另一种体系，实际上是一种体系的唯吾独尊，甚至是在建构材料上进行终极约简将整个系统简化成一个单一的系统，相比于赖特，密斯和康的精要正在于此。而笔者接下来要讨论赖特开创的另一伟大建造秩序——混凝土块体系——也暗合此道。

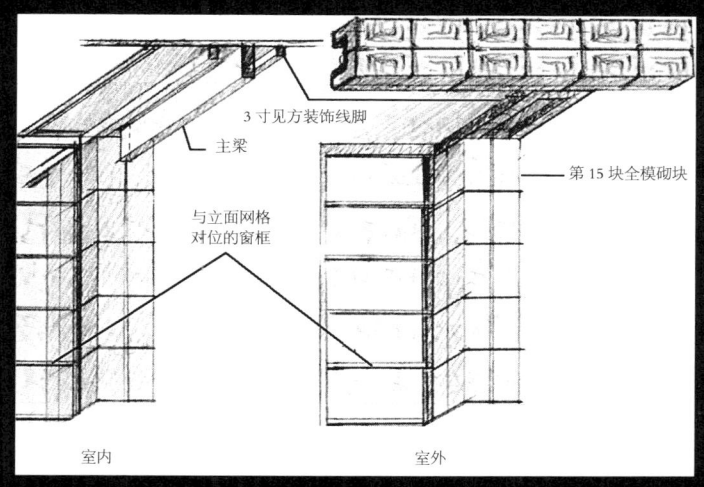

3寸见方装饰线脚

主梁

与立面网格
对位的窗框

第15块全模砌块

室内　　　　　　　　　室外

"我所建造过的所有建筑，无论大小，都是基于一种单元系统构成的。好比用一堆小块布缝成一个大的弧面。因此，每一结构物（建筑）都是一个有组织、有秩序的织物，各组成部分之间的和谐韵致及尺度协调以及建造的经济性都极佳地实现了，而这全拜这一简洁的策略所赐，这是一种从最终的结构学到的机械化原则，反过来它给了最终的整体一种更加一致的内理和单纯明确的特质。"

第三章
混凝土块住宅的"积木编织"

　　在作为建筑师的一生中，赖特试图将自己设计的空间和形式与建造它们的材料与结构联系起来。赖特相信如果他的建筑将对其中居住的人们产生教益与启迪的话，这一点是最基本的：aedifcare，古代的建筑物一词，其意义是带着伦理和道德的目的同时去启迪和建造。赖特一直致力于寻找一种可以涵盖构成和建造（composition and construction）的统合秩序，一种类似于赖特在研究自然界的时候发现的可以将结构、材质、形式与空间整合起来的秩序。在他自己的建筑中，赖特通过从自然要素中（寻求灵感）来整合其形式与空间。例如，岩石形成时的结晶几何形状，赖特称之为"自然界的无与伦比的建筑原则的证明"。还有萨华罗（sahuaro）仙人掌的充满张力的结构，赖特称之为"预应力建造体系的完美例子"[1]。

---

1. Robert McCarter.Frank Lloyd Wright. Phaidon, 1997：161.

对混凝土的不满和再造

赖特在寻找这种可以统合建造、材料自我表达和空间形式秩序的历程中，终其一生与一种可塑的、能形成任何形状的材料斗争，这种材料就是混凝土。早在 1905 年他就设计并建造了美国历史上最早的一座暴露混凝土的公共建筑——团结教堂（Unity temple），它被誉为是赖特在草原住宅时期最杰出的作品之一。然而，在 20 多年后的 1928 年，赖特却抱怨道："从美学角度讲，混凝土并没有任何特色，既不能唱歌，也不能讲故事。在这种聚合物和泥团中也不易看到一种高级的美学潜质。因为它本身是汞合金，是聚合复合物。而水泥，作为建筑聚合物，也毫无个性所言。在这里，在这个叫做混凝土的聚合物中，我们发现了一种可塑性的材料，但我们仍未发现一种可以使其成为可塑形状的表达方式。"[1] 他像肯尼思·弗兰姆普敦所说的那样"费尽心机的将陶瓦（terra-cotta）和混凝土都划归为聚集材料，也就是说属于非建构性材料（non-tectonic material）。"[2]

赖特认为：从本质上讲，混凝土是一种低级材料，它缺乏木材和石材等天然材料所具有的条纹、肌理和颗粒等质感。他认为要表达石材或木材等材料的特质，就是去用平面的方式呈现它们，这样它们的特质就会显现出来。与此相反，如果要表达混凝土的材料特质就是要使其表面产生凹凸的纹理以隐藏其平庸的本质[3]。在最后一句中，赖特婉转地表达了对团结教堂中混凝土使用方式的不满，即"模板现浇"这一在今天已经成为具有垄断地位的建造手段，由于缺乏表面肌理和质感，在 100 年前被赖特使用了一次后就招致了唾弃。在笔者看来，赖特对混凝土不满的另一个原因在于它缺乏那种砖和标准化木制构件所具有的单元化、模块化特质，而这种非模块化特质使其无法纳入赖特系统的、几何化的设计和建造体系，简单的说，就是他的方格网体系。由此，赖特转而寻求一种对钢筋混凝土更有生命力

1. Wright, In the Cause of Architecture, the title of a series of articles by Wright published in Architectural Record, starting in 1908. p153.
2. Frampton.Introduction Frank Lloyd Wright：Collected Writings, Volume 1, ed Pfeiffer.New York：Rizzoli, 1992：14.
3. 同上。

的表达，他的答案就是混凝土块建造体系。

事实上，从现代混凝土产生的那一刻起，无数前辈大师都对其有着各异的理解和阐释，有人专注于其自由塑性，亦有专注于其基于模板建造的限制或结构潜力，不一而足，正是这种多元的发掘丰富了混凝土这一现代材料的生命厚度，而这种不断地发掘创造也将继续下去，但无论如何，赖特的美学加工都是高度个人化的，因为如果换一个角度去判断，我们也可以说，赖特是将混凝土强硬地纳入了自己钟爱的几何砌筑模式中，其命运就如同黏土一样，后者被做成砖，而前者被浇成混凝土块，但这并不影响混凝土块建造体系成为赖特建筑生涯中的又一个巅峰。

这一体系的开创如同它的前辈——草原住宅一样，似乎都是在一夜之间完成的，因为就在赖特刚刚完成了团结教堂的设计并开始建造的1906年，赖特就设计了布朗别墅（Harry E Brown House）（图3-1），该项目后来被他称为"首个混凝土块别墅（First Block House）"。因此可以说正是由于对团结教堂中混凝土使用的不满才激发了混凝土块体系的产生。在这个别墅中，外墙和结构用专门浇筑的正方形和长方形的标准化混凝土块建造，楼板和屋顶用浇筑的混凝土板建造，在这里，单元化的建造元素，模数化的

图3-1　布朗别墅透视图

设计网格等几乎所有混凝土块体系的精髓都已齐备。然而或许是因为当时草原住宅正处鼎盛之际，客户趋之若鹜，赖特不得已将这一体系雪藏，一是赖特还没有为这一体系找到最为契合的环境，因为从形式特征上讲，这一体系并不适合美国中部的稀树草原，其结果是凝土块体系真正的繁荣已是 17 年后的 1923 年。

1923 年，在美国西部加利福尼亚的广袤树丛和蔚蓝天空下，赖特终于为这一体系找到了完美的归属，它无疑成了赖特继草原住宅之后在 20 世纪 20 年代的主题和重心。促使赖特达成这一转变的社会客观因素是：在 20 世纪的头 20 年中，木材的价格逐渐上涨，尤其是用于建筑的大尺度木材。与此同时，波特兰水泥（Portland cement）和预应力混凝土的产量却急剧上升，在建筑领域受到越来越多的欢迎，因此人们越来越认为混凝土将取代木材或至少是可以与木材在建筑领域中分庭抗礼的新选择。从 1920 年开始，越来越多的建筑师尝试运用混凝土这一材料。因此赖特并非是唯一、也不是第一个尝试这种材料的建筑师，跟他一起吃螃蟹的建筑师包括亨利·莫舍尔（Henry Mercer），古斯塔夫·斯蒂克雷（Gustav Stickley），埃尔文·吉尔（Irving Gill），赖特的儿子还曾为后者工作过。一个更为重要的人物是沃尔特·博雷·格里芬（Walter Burley Griffin），他创造了一种与赖特十分相似的名为"绑扎—锁紧系统"（Knit-Lock System）的混凝土块系统。由于两者在原理及形式上十分相似（图 3-2，图 3-3），有很多人认为赖特的混凝土块体系的原创想法是来自于前者，因为一个明显的事实是在 20 世纪的头几年中，格里芬一直在为赖特工作[1]。然而，无论如何，是赖特最终让这一卑微的工程材料在建筑艺术的层面上登堂入室。

赖特发明的混凝土块用木模浇筑，由于其表面复杂几何装饰纹样对混凝土中各配料的配比要求极高，因而在早期赖特只将其运用在纯粹的装饰线脚中，例如在米德威游乐场（Midway Gardens 1914）（图 3-4）和帝国饭店（Imperial Hotel 1914—1922）（图 3-5）中混凝土块与砖混合使用。它们被像砖一样砌筑在砖墙的顶面或底部，只是装饰，没有丝毫结构作用。

---

1. Edward R·Ford.The details of modern architecture. Cambridge, Mass.：MIT Press, c1990：325.

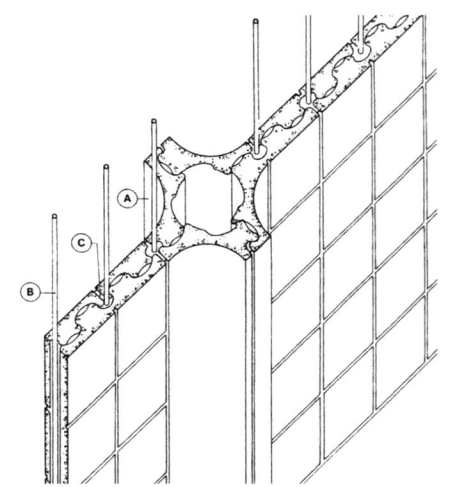

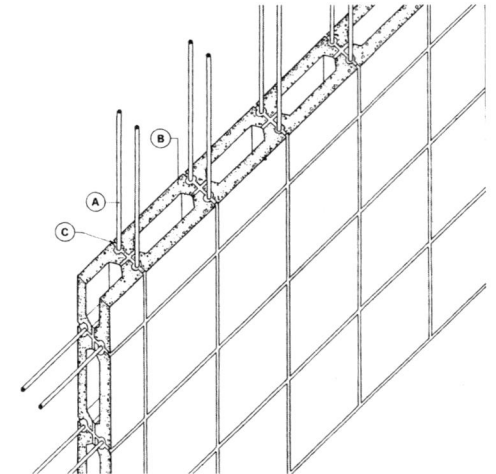

图 3-2 格里芬的"绑扎—锁紧"建造体系示意图　　　图 3-3 赖特的混凝土块建造体系示意图

图 3-4 米德威游乐场局部透视图　　　　　　　图 3-5 帝国饭店局部透视图

最早将结构、建造、装饰全面整合的混凝土块建筑是 1923 年的米拉德住宅（Alice Millard House）（图 3-6，图 3-7）和斯托尔住宅（John Storer House）（图 3-8）。

　　赖特在描述米拉德住宅的营造体系时，自豪愉悦之情溢于言表："我们将从脚下或排水沟中取出建筑业轻视的流浪者，也就是混凝土块。在它里面找到它迄今为止仍未被发现的灵魂，使它像美丽的事物一样生存，像树木一样充满肌理。而我们所要做的就是去教育混凝土块，再造它。在接缝处用钢将它们连接在一起，并因此营造出接缝，将它们安置好并在其间安放钢筋后将接缝用混凝土灌满。墙体因此变成了很薄但结实的强化板，而

图 3-6　米拉德住宅正面透视图　　　　　　　图 3-7　米拉德住宅背面透视图及混凝土块细部

图 3-8　斯托尔住宅透视图

且可适从于任何形式意图。普通的工匠就可胜任这一工作。当然，我们要将墙体做成双层的，一层朝里，一层朝外，因此在它们之间获得了连续的空腔，住宅将因此冬暖夏凉，且常保干爽。"[1]

---

1. Wright, An Autobiography, 1932. in Frank Lloyd Wright: Collected Writings, Volume 2, ed Pfeiffer. New York：Rizzoli, 1992：282-283.

"单元系统"和"标准化"

要更加深刻地理解混凝土块体系中的几何建构规则，以下的线索无疑是最重要的，那就是在赖特毕生的设计中，他一直应用的、被他自己称为"单元系统"（unit system）的方格网体系———一种对于"结构"高度发达的表达，赖特将之直接与自然界中发现的几何（规则）联系起来。他说到："平面的逻辑中，我们所说的标准化被看作是建筑中最基本的根基。自然界中的所有事物也都以这种方式结晶，数学一样精确的组合，并因此符合（这种标准化的规则）。"[1] 这种掌控了赖特几乎所有设计生成的方格网或"单元系统"即是一种控制建构组构和尺度定量的方式，也是建造过程中度量定位和组织施工的一种方法，按照赖特的观点，同时是使建筑获得一体的秩序和有机韵律的有效方法，统一匀质的网格创造了一种基本的稳定体系，促使各种不同的组成部分同构于主体，就好比是一种调和秩序的产生，调整和统合所有的细部空间和元素，使之纳入建筑整体的组构中[2]。

"我所建造过的所有建筑，无论大小，都是基于一种单元系统构成的。好比用一堆小块布缝成一个大的弧面（warp）。因此，每一结构物（建筑）都是一个有组织、有秩序的织物，各组成部分之间的和谐韵致及尺度协调以及建造的经济性都极佳地实现了，而这全拜这一简洁的策略所赐，这是一种从最终的结构学到的机械化原则，反过来它给了最终的整体一种更加一致的内理和单纯明确的特质。"[3] 笔者无从探寻这一理念是否启迪了密斯的"结构"，但两者无疑是异曲同工的。

虽然这一网格设计体系一直贯穿在赖特的设计中，但还没有哪种类型能像混凝土块建造体系那样，将这一网格运用得如此彻底和全面。事实上，在这里赖特不仅运用了网格，甚至可以说就是在建造网格，几乎所有的混凝土块住宅的设计和建造都是基于 16 寸见方的匀质网格系统的。由于这一

1. Wright, In the Cause of Architecture, the title of a series of articles by Wright published in Architectural Record, starting in 1908. p153.
2. Robert McCarter.Frank Lloyd Wright.Phaidon, 1997：161.
3. Frank Lloyd Wright.the Life-Work of Frank Lloyd Wright, Wendigen（1925）.New York：Horizon, 1965：57.

尺寸直接源于混凝土块的基本尺寸，因而这一网格体系顺理成章地适用于平面、剖面和立面。而水平和竖向维度内网格的相互组合使其升华为一种三维的空间格块体系，即一种由边长为16寸的虚拟立方体堆积而成的空间体系。在此基础上，住宅的建造模块——混凝土块像一个个积木一样被严格地安放在这个体系中，而宏观的形式和空间由于其微观建造元素的严谨也获得了精确的定位和表达。即便是一些并非由混凝土块构筑的建筑元素——例如木梁和楼地板——的定位及空间尺寸，也被这一体系严格控制（图3-9，图3-10），在这里，赖特愉快地用混凝土块演绎着儿时的"弗罗贝尔"积木。

赖特进一步将这种几何规则与机器时代的标准化生产相联系，在他看来"标准化是机器的灵魂。在这里，我是将其作为原则的编织者，为它（指标准化原则）编织一个伟大的未来。是的，用它来编织一种具有惊人多样

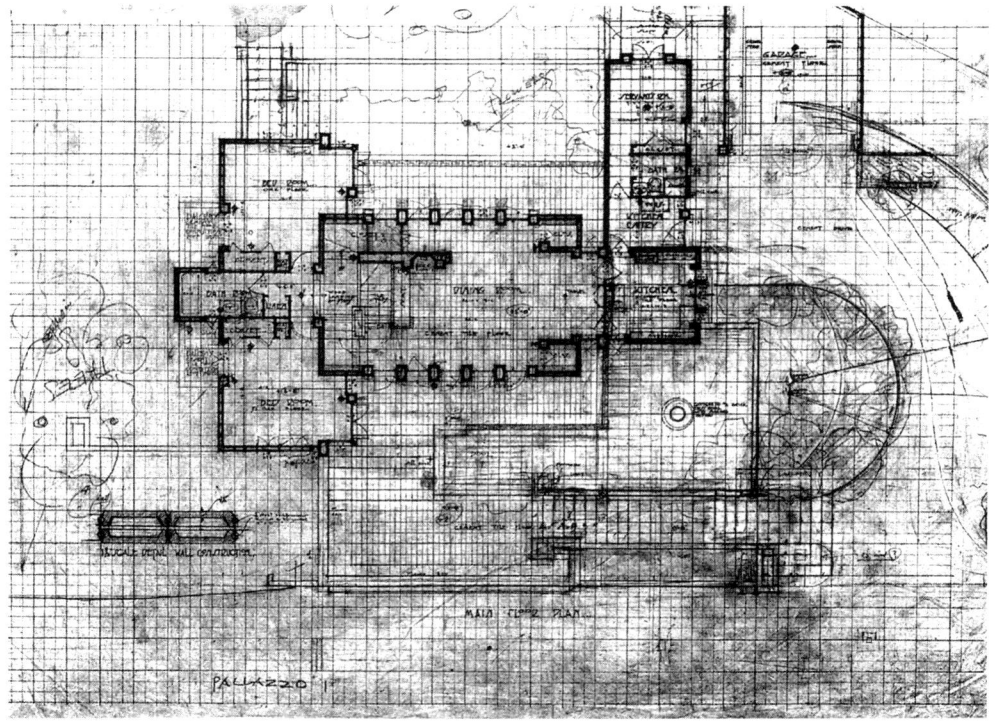

图3-9　斯托尔住宅底层平面图

99

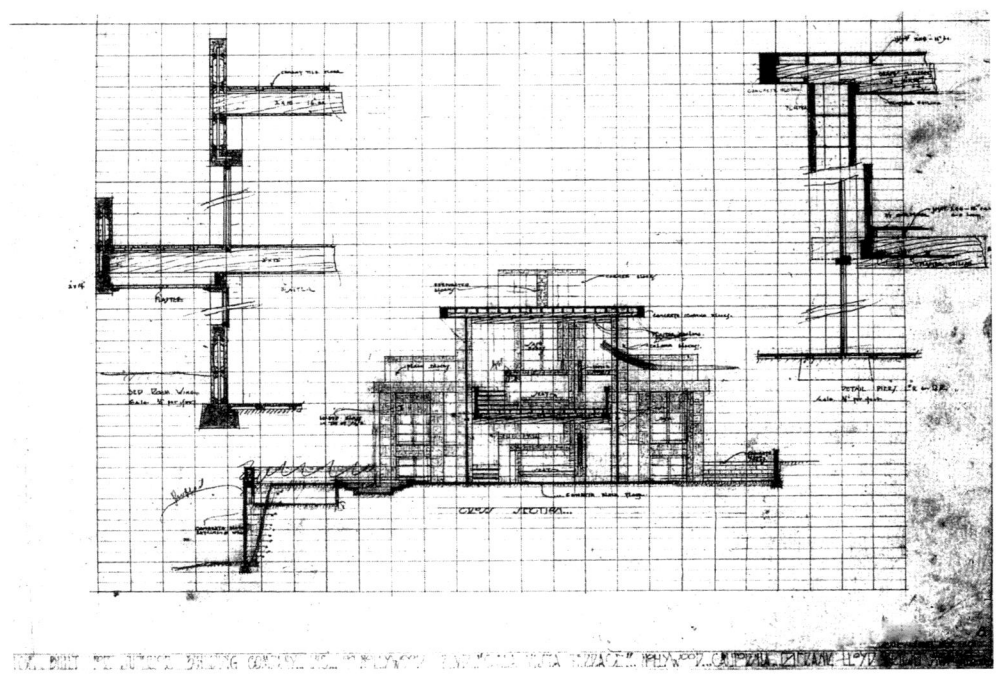

图 3-10　斯托尔住宅剖面详图

性的自由的砌筑织物(masonry fabric)，极具建筑美。此时此地,我,弗兰克·劳埃德·赖特是编织工。"[1] 由此可见, 赖特在混凝土块系列住宅中强调的"编织"更多表达的是一种砌块叠砌的三维几何逻辑, 而非森帕尔涉指"面饰"象征性的"编织"。

　　"为什么不用木头制成盒子, 将混凝土浇筑成单独的砌块和体块, 然后再用它们形成建筑空间……混凝土浇筑需要木模, 这永远是建筑造价增加的主要因素。因此, 尽可能重复使用木模板就不仅必要, 而且也是必须。"[2]

　　在这一意义下, 赖特将几何、建构同建筑的标准化和机器时代的特征结合了起来, 而这样的结合显然要比柯布西耶那种简单的、形式层面的"机器美学"要深刻和合理的多。

1. Wright,An Autobiography,1932. in Frank Lloyd Wright:Collected Writings,Volume 2, ed Pfeiffer.New York：Rizzoli, 1992：270.
2. [美]肯尼思·弗兰姆普敦著.建构文化研究. 王骏阳译.北京：中国建筑工业出版社, 2007：109.

斯托尔住宅的砌块建构详解

在对草原住宅中砖块砌筑的精确几何关系有了充分认识之后，我们将不难理解赖特在混凝土块建造体系中对于混凝土块建构秩序的苦心经营。而这一在微观层面上精心的几何操控，自然保证了建筑整体在几何布置上的完美无瑕，在斯托尔住宅中，3倍于模块尺度（16寸）的、间距4尺（48寸）的匀质网格就是一个更大尺度的掌控结构等中观要素建构的几何控制体系，它直观地定位了餐厅和起居室南北立面上纵贯上下两层的柱墩及搭于其上支撑楼板和顶棚木梁的建构。

接下来，笔者将以斯托尔住宅的一些片段为例，对混凝土块体系中的几何建构逻辑加以阐释。首先，作为住宅中最基本建构元素的墙体是由立面长宽为16寸而边缘厚4寸的标准混凝土块构成的，当然，这些尺寸均为建造后的标识尺寸，而每一混凝土块的实际尺寸由于接缝的存在自然比上述尺寸略小。这一标准块材的剖面成"凹"字形，内部是一空腔，实际壁厚1.5寸，其4寸宽边沿上为钢筋预留插孔的直径是1.5寸。两块这样的标准砌块互扣在一起就构成了总厚度为8寸的基本墙体单元，这样的墙体单元在立面上按网格控制罗列，再由其间纵横接缝内穿插的钢筋紧固在一起，成为牢不可破的墙体（图3-11）。

墙体的平面定位是从16寸间隔的平面网格线向非主体空间方向扩边而成的，这就保证了主体空间体量的几何完整性（图3-12）。在建造上，它

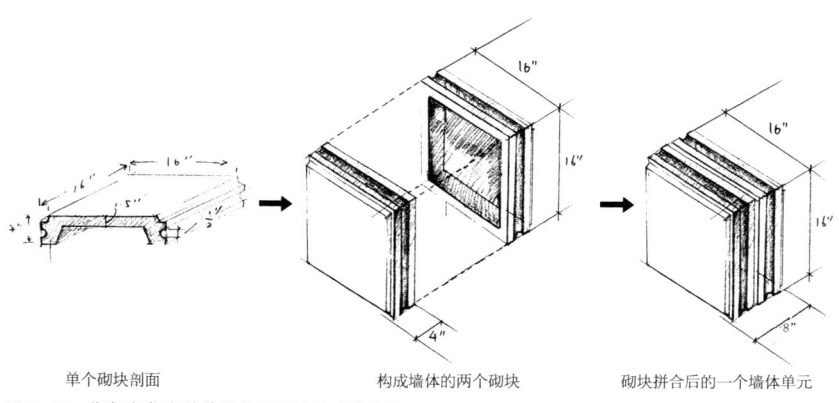

单个砌块剖面　　　　　　　　构成墙体的两个砌块　　　　　　砌块拼合后的一个墙体单元

图3-11　斯托尔住宅墙体组构详图（笔者绘制）

保证了 16 寸见方的标准地面铺块在主体空间内的
边沿及阴角处完整呈现。

　　而这种空间的主次之分通常是一种合乎逻辑
的主观判断，对于室内外而言，室内空间为主，室
外空间为次，因而建筑的外墙通常是从室内的网
格线向外扩边而成的。对于室内而言，主空间通
常是主要的起居空间，如餐厅和起居室，它们与
室内其他次要组成部分（如卧室和壁橱）间的隔墙，
通常是从主体空间的地面网格线向次要空间方向
扩充而成。

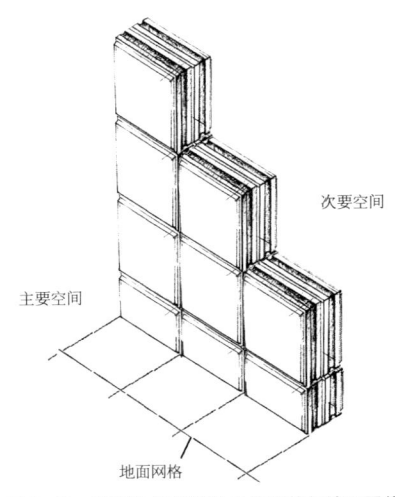

图 3-12　斯托尔住宅墙体组构及其与地面网格
对位关系分析图（笔者绘制）

　　建筑底层的地面，包括室内的餐厅、厨房及
室外的院落全由 16 寸见方的标准砌块铺就而成。
这一网格铺装的匀质延续并未在分隔室内外的墙体及门窗处中断，它用实
际的建造捍卫了网格的权威。墙面上 16 寸见方的标准砌块均与地面网格精
确对位，严格地将平面内的网格延伸到了立面之上。此间种种策略与密斯
在德国馆中的处置异曲同工。

　　由于上述墙体砌块构成及定位方式的几何机制，导致了在外墙的阳
角处自然出现了一种转角砌块，它是一种每面宽 8 寸，高仍为 16 寸的直
角形砌块（图 3-13，图 3-14）。在所有由标准砌块构筑的墙体阳角处均
有它的存在。它的表面通常被浇灌以纹样，在形式上，它成为墙面边沿和
体量转角处的边饰，这使其获得了建构和形式上的双重意义。一方面，我
们可以说这一转角边饰的产生是由于墙体厚度的定位方式所造就的自然结
果，但谁又能认定这一"自然结果"不是赖特苦心经营的形式上的神来之
笔呢？之所以下此判断是因为这一"边饰"不仅在墙体外表面的竖边上存
在，它同样存在于墙体顶端的"封边"上。在几乎所有女儿墙，室外平台
栏板及院落围墙的顶端均有一条 8 寸宽的"封边"，它是由一系列长度为
16 寸，高宽均为 8 寸的立方体砌块构成的。它们的表面同样被浇筑以几何
纹饰（图 3-15），且这一纹饰在其暴露的三个表面内连续环绕。最后，在
墙体顶端的转角处，自然形成了一个特异的砌块，它是三个维度上边饰条

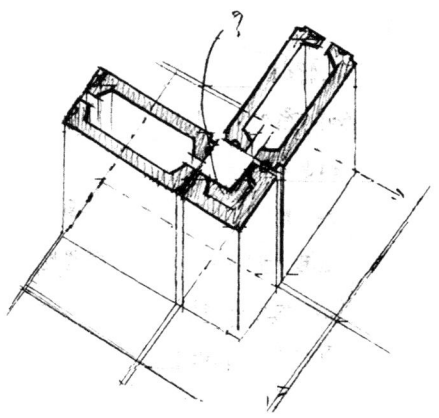

图 3-13　斯托尔住宅外部透视图（可见墙体周边及顶点处的封边砌块）

图 3-14　斯托尔住宅墙体转角砌块组构轴测图（笔者绘制）

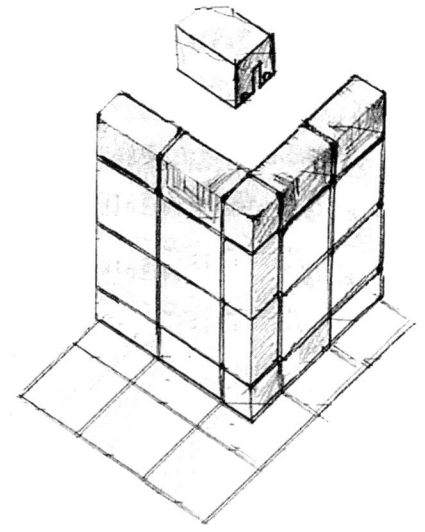

图 3-15　斯托尔住庭院透视图（可见墙顶之封边砌块）

图 3-16　斯托尔住宅墙体顶部及转角封边砌块组构轴测详图（笔者绘制）

带汇聚的焦点，是一个边长为 8 寸的立方体块（图 3-16），它是整个体系中最小的一个砌块。

然而，这一"封边"体系至此仍未结束，显然任何一块墙体的表面从其几何形状上讲都是一个矩形，它自然有四条边，而为了造就这一"封边"体系的完整逻辑，墙体底边上的封边是不可或缺的。在这里，赖特通过将

103

水平地面及楼板的上表面定位于一个完整立面砌块中间高度的方式，巧妙地造就了墙体底部的 8 寸宽"封边"。

再者，"封边"的形式逻辑不仅发生在竖向的墙体表面上，这种基于建造几何逻辑（墙体外扩）而产生的形式策略同样被移植到了地面的刻画中。底面上由标准砌块铺就的一片完整地面的边缘均按这一逻辑呈现，这主要表现在庭院中游泳池和水池的边沿处（图 3-17）。事实上，在这样一种完美的各向同质的三维几何体系中，底面和墙面，即平面和立面仅因重力的存在而产生方向定位的不同，而在几何的逻辑上，它们之间并无本质区别，因而两者同一"建造—形式"逻辑的达成也就不是什么难题了。

在分析了住宅中普通墙体和底层地面铺装砌块的建构、定位和形式刻画的几何逻辑及相互关系后，笔者将对平面内的一些特殊元素进行解读。首先是南北立面上那 8 根最为突出的作为结构支撑及门窗间分隔的柱墩（图 3-18）。首先，它们在平面上占据了一个半标准网格，即其宽度是 16 寸，长度是 24 寸，平面由 6 块共两种类型的砌块组成，其中转角的 4 块就是前文所说的外墙阳角的"转角砌块"，再由两块 8 寸长的矩形砌块将它们在长

图 3-17 斯托尔住宅游泳池周边的地面边饰细节

图 3-18 斯托尔住宅立面大柱墩

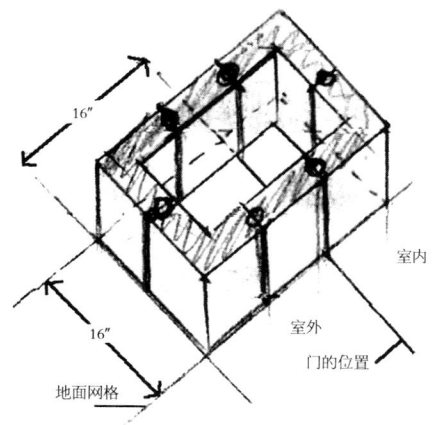

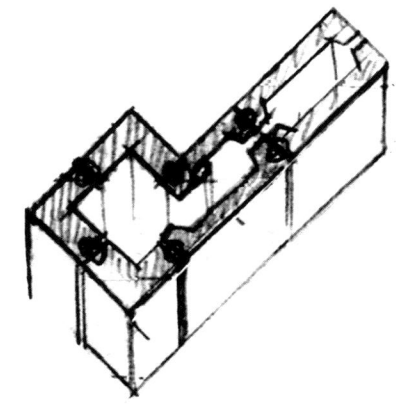

图 3-19　斯托尔住宅大柱墩组构轴测详图（笔者绘制）　　图 3-20　斯托尔住宅 16 寸柱墩组构轴测详图（笔者绘制）

向上连缀，砌块之间由钢筋穿棱并紧固，共同构成了空心柱。

柱间夹嵌的贯通上下两层的门窗被定位在柱墩长边靠室内的 1/3 处，从而与地面网格严整对位，并从这一位置向室内建构边框的厚度（图 3-19）。此外，住宅中比这一空心柱稍小的一种柱墩是平面边长为 16 寸的方形柱墩，它恰好占据了一个标准网格，其中独立的柱墩由 4 块转角砌块互扣而成。但此类柱墩多与墙体相连，因而组构相对复杂，它通常在一个角上与墙体相连，因而另外的三个顶角是由 3 块独立的"转角砌块"构成，而与墙体相接的一角，其外侧与标准的墙体砌块相连，而内侧则通过一稍短的砌块过渡，再与标准砌夫相连（图 3-20）。

住宅中最后一种较为彰显的砌块建构要素是诸多挑檐的收头"封边"，它们在几何组构上是由两块"转角砌块"上下互扣形成的，而其转角处则由一"L"形直角砌块过渡（图 3-21），其几何构成相当于两个普通"转角砌块"的直角对接，因而保证了转角处在两个面上的形式连续性（图 3-22）。

至此，这一住宅中砌块建构要素的几何定位、组构及其逻辑法则和相互关系已全面厘清。接下来，笔者将探讨该住宅中的一些非砌块要素，主要包括建筑的楼板、顶棚及门窗，去检视它们作为非砌块元素与这一由砌块所引发的几何网格体系间呈现出的复杂对位关系。

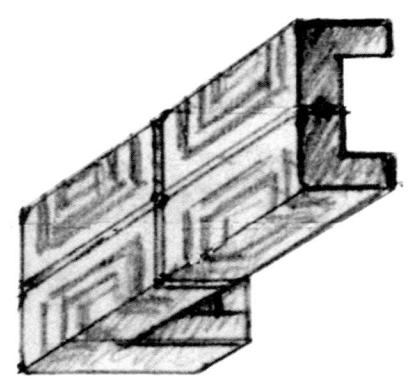

图 3-21　斯托尔住宅挑檐"封边"砌块细节　　图 3-22　斯托尔住宅挑檐"封边"砌块轴测详图
（笔者绘制）

斯托尔住宅的竖向层叠对位

　　事实上，斯托尔住宅主体起居部分的楼板与顶棚之结构及构造关系异常简单、清晰。首先是架设于南北立面柱墩间的木质主梁，它们的平面位置与柱墩严格轴线对位，间距 4 尺，其上是与主梁垂直架设的次梁，其间距与定位也与地面砌块所揭示的平面网格完全对位，即间距 16 寸。这反映了平面内几何网格对这一结构体系在平面建构定位上的绝对控制（图 3-23）。

　　至于楼板与顶棚在竖向上的建构定位及厚度取值，我们不妨从赖特早期的方案图纸开始解读。在早先的剖面设计中（图 3-24），我们可以清楚地看到复合构成的楼板与顶棚（从板顶到次梁底之吊顶平板）之厚度被严格界定为一个网格的高度，即 16 寸。就一、二层间的楼板而言，它的底面定位于从底层地面向上 6 个网格的高度处，即其底面到地面的净高是 8 尺。但正像我们在前文所说的那样，底层地面的竖向定位是从立面砌块网格的中间开始的，即地面以上的第一层墙体砌块是 8 寸高的半模砌块。因而，上述楼板的底面正好与地面以上第六块全模砌块的中间高度对位，而其顶面则与第七块砌块的中间高度对位。而跨于立面柱墩上的、支撑这一楼板体系的木质主梁的底面则刚好从楼板底面向下凸出了半个模块的尺寸，即 8

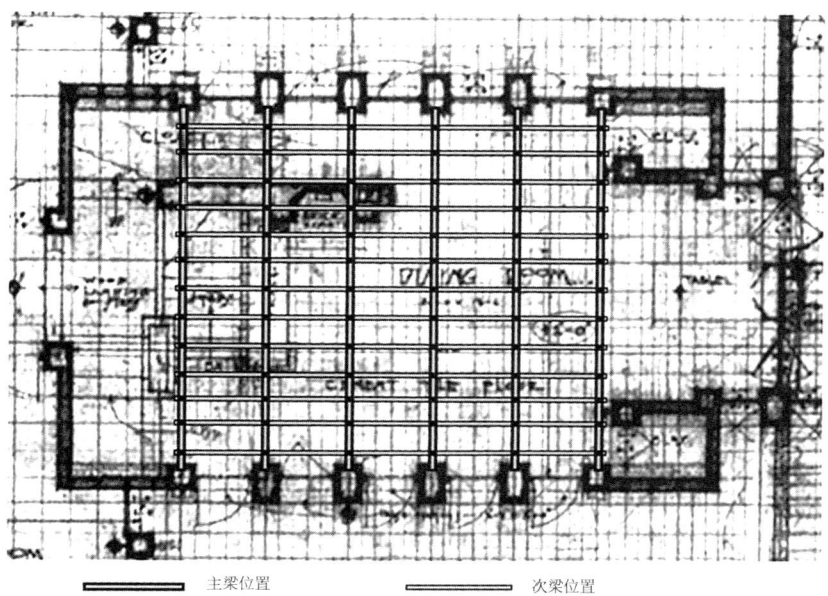

主梁位置　　　　　　　　　　　　　　　次梁位置

图 3-23　斯托尔住宅起居部分结构布置平面图（笔者整理）

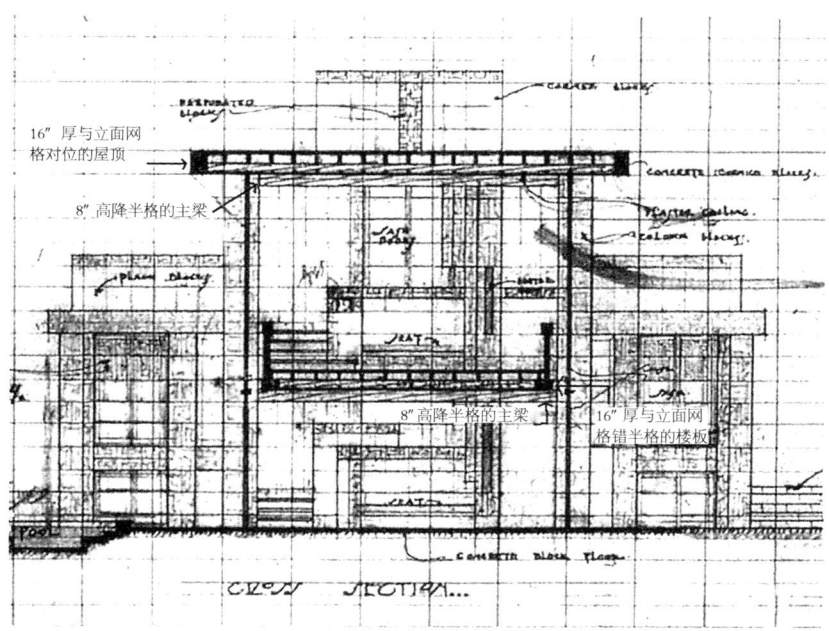

16"厚与立面网
格对位的屋顶

8"高降半格的主梁

8"高降半格的主梁

16"厚与立面网
格错半格的楼板

图 3-24　斯托尔住宅起居部分早期方案剖面图（笔者整理）

寸，因而其底面正好对位于立面上第五块全模砌块的上沿。这一切看似完美无瑕，也无懈可击，因为它严格地契入了立面的几何网格体系。

然而，一个尴尬的事实是这种完美的"契合"完全是一种"虚饰"的结果，无论板底抑或主梁底都是由装饰木板包裹后的结果（图 3-25），因此它完全虚掩了真实结构构件的实际尺寸，而真实构件的高度远远没有这么大，因为它们的截面高度只需满足竖向荷载即可。其中主梁的实际高度是 12 寸，其上的次梁的高度是 4 寸。而复合楼板的组构只是在次梁的顶面

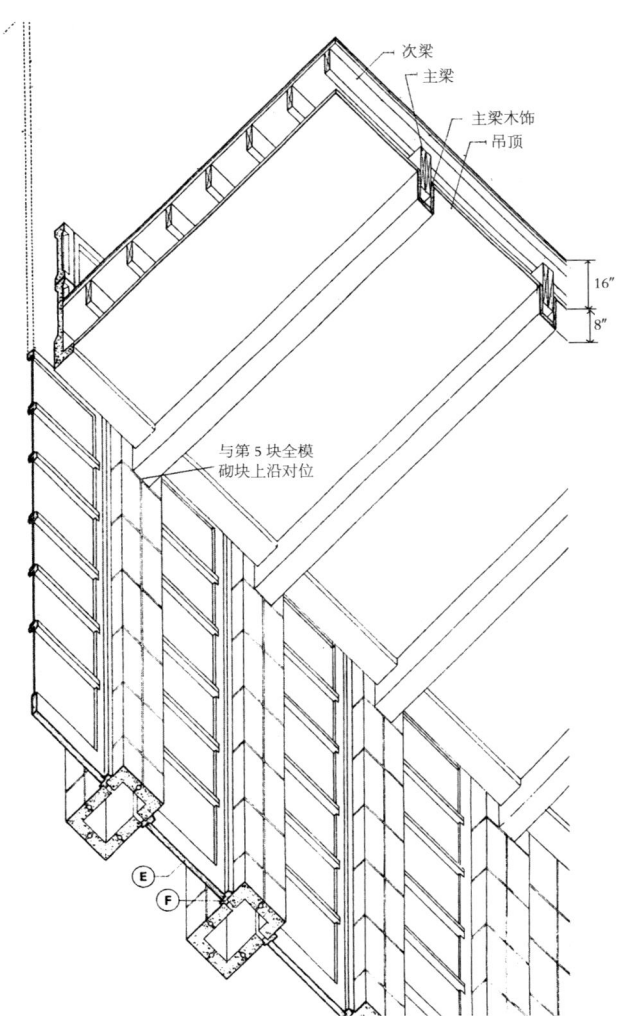

图 3-25 斯托尔住宅底层楼板早期设计详图

及底面贴附上适当的构造层次即可，因而其符合建造逻辑的厚度是无论如何也达不到 16 寸的，而真实主梁的下沿距楼板上表面的距离也是达不到 24 寸的。然而为了达成竖向上的几何对位逻辑，赖特在最初的方案中刻意地在真实的梁、板下面加上了一层面罩。这种做法正如我们在前文所讨论的那样，在草原住宅中是司空见惯的，它是一种"逻辑相似"（Analogous）性的掩饰，并不歪曲结构的真实内在。

　　然而，时过境迁，在混凝土块体系中，即便这种"逻辑相似"的善意掩饰，也不能令赖特满意。在这里，赖特将建造与最终的形式统一了起来，即建造就是结果，结构同时也是装饰。这是赖特在建构本体意义上的一次进步，建筑因为真实的单纯而变得崇高。在砌块构筑的部分，赖特已经实现了这种统一和单纯，而他也会尽量避免这一楼板的虚饰去玷污这种通体的真实，因而在最终的建造中，赖特放弃了那层底面的"虚饰"，实现了结构构件真实暴露的终极结构理性和本体建构。但这并不意味着结构构件与竖向几何定位逻辑的全然脱节，因为两者间并不存在着不可调和的矛盾。

　　在最终的实建中，我们可以看到真实暴露的主梁底面被定位在竖向第六块全模砌块的中点，而复合楼板的底面比第六块砌块的上沿略微高出了一点，接下来，赖特在楼板底面的木制饰面上运用了几乎是整个住宅中唯一与草原住宅相似的纯装饰性线角，其平面间距及定位与平面网格严格对位，进一步印证了网格对全局的统摄作用，而其高度正好填补了板底和第六块砌块上沿间的差距（图 3-26，图 3-27）。

　　楼板的上表面也基本与竖向第七块全模砌块的高度中点对位，但也偏高了一点。但据笔者猜测，这略高的一点有可能是施工误差所致，而在赖特的理想中，这一平面应是严格对位于第七块砌块中点的，这可以从二层起居室南北两侧栏板的竖向叠砌逻辑中读出来。这一栏板是在一个完整的标准砌块顶部罗列半模高的墙顶封边砌块构成的，而其顶部刚好与竖向第八块全模砌块的上沿对位，这就证明了二层地面，即楼板上表面到第八块砌块的上沿被严格地设定为一个半网格的距离（图 3-28）。

　　相比于上述两层间的楼板而言，二层起居室之上屋顶的"形式地位"显然更为隆重，因而赖特在这里维持了最初方案"逻辑相似"的装饰策略，

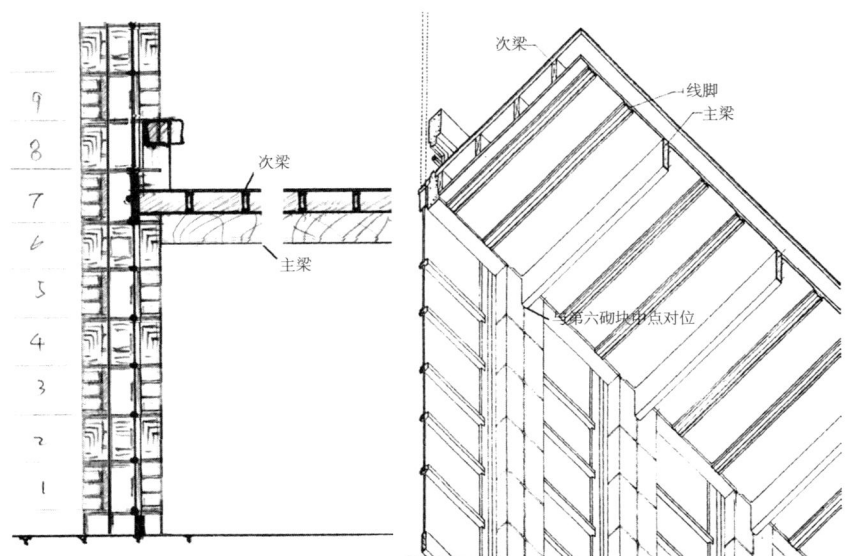

图 3-26 斯托尔住宅底层楼板实施方案剖面
详图（笔者绘制）

图 3-27 斯托尔住宅底层楼板实施方案轴测详图

图 3-28 斯托尔住宅起居室栏板对位关系细节（笔者整理）

从而使其与竖向模数分格更加严谨的对位。其主梁梁底对位于竖向第十五块全模砌块的中间高度，顶棚的底面比第十五块砌块的上沿略高出 3 寸左右。与底层楼板底面相比，在主梁的两侧，即立面柱墩边缘的内侧有两根小梁占据了这一 3 寸左右的高度，它们从室内一直延伸到室外，看似托起了屋

图 3-29　斯托尔住宅起居室透视图

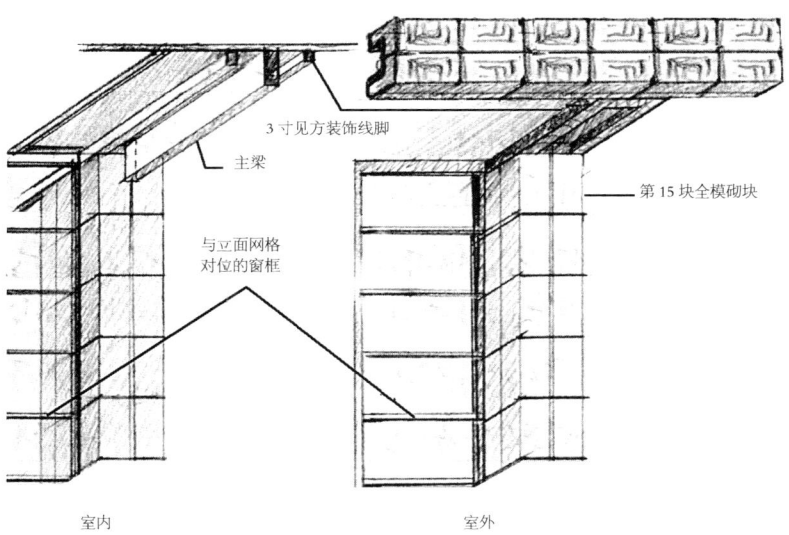

图 3-30　斯托尔住宅起居室顶棚组构轴测详图（笔者绘制）

檐的悬挑部分，并成为挑檐底面几何装饰纹样的组成部分。而整个屋顶通过挑檐"封边"砌块明确地宣示了与竖向第十六块全模砌块的严谨对位（图 3-29，图 3-30）。

此外，住宅中其他部分屋顶的建构厚度及高度定位也均与此同理，受到了竖向网格的严格规限与控制（图 3-31），不再赘述。

从上面的分析中我们可以看到肯尼思·弗兰姆普敦在《建构文化研究》中做出的"**在几乎所有赖特的混凝土砌块住宅建筑中，楼板厚度（Floor depth）与砌块体系的模数尺寸都不能吻合**"[1]的判断显然没有认识到问题的实质。事实上正如我们在分析草原住宅时所揭示的那样，"楼板"对赖特而言是由一系列构件组成的复合系统，包括梁、板、甚至还有装饰线脚，它们作为一个整体必然与竖向模数网格发生对位关联，混凝土砌块住宅自然也不例外。

住宅中最后一类重要的组构元素就是门窗，其洞口区域均严整地由立面网格规限，可以理解为是将墙体中一些完整、抑或半模的砌块剔除后形成的。而门窗内的窗框分格几乎全在立面网格之上，尤以横框的分段定位最为明显。

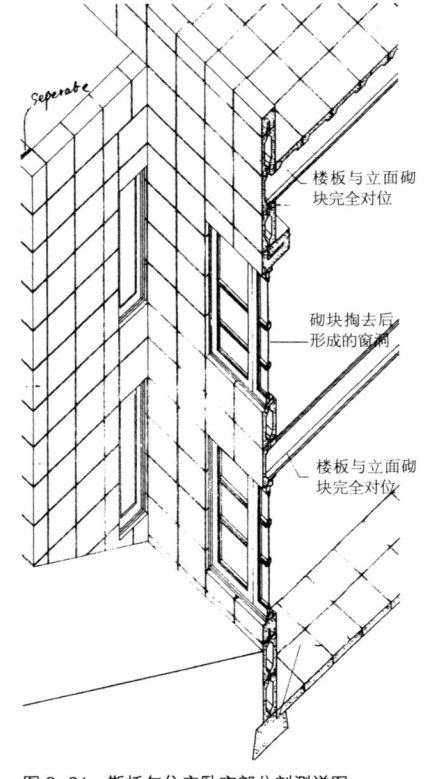

楼板与立面砌块完全对位

砌块掏去后形成的窗洞

楼板与立面砌块完全对位

图 3-31　斯托尔住宅卧室部分剖测详图

从"外扩"到"内扩"再到"柱列"

至此，斯托尔住宅的建造秩序逻辑已全面呈现，那么我们是否可以完全通过斯托尔住宅的几何建构逻辑去理解赖特其他的混凝土块住宅呢？例如 1924 年的恩尼斯住宅（Charles Ennis House）（图 3-32），1923 年的弗里曼住宅（Samuel Freeman House）（图 3-33）以及 1929 年的琼斯住宅（Richard Lloyd Jones House）（图 3-34），就像肯尼思·弗兰姆普敦理解的那样："**该体系在不同的建筑上的具体形式不尽相同，但本质上却如出一辙……**"[2]

毕竟这一体系粗看起来是如此严谨，似乎不会有太多的变化余地，就赖特较为著名的几个按此体系建造的住宅而言，它们除了体量规模及宏观

1. ［美］肯尼思·弗兰姆普敦著. 建构文化研究. 王骏阳译. 北京：中国建筑工业出版社，2007：111.
2. 同上，p111-112。

图 3-32 恩尼斯住宅透视图

图 3-33 弗里曼住宅透视图

图 3-34 琼斯住宅透视图

构成有所区别外，在由具体细节所呈现出来的建造方法及形式特征上似乎并无二致。但真实的情况并非如表面看到的那样简单，即便是在这样一种几近完美的体系操控中，赖特也没有裹足不前，千篇一律地去对待每一个作品。天才之所以成为天才，正在于当常人认为已近完美时，他却看到了瑕疵，并着力改进，即便真的达成完美，他也会因为重复而厌倦，而赖特正是这样的天才。

事实上，在赖特早期和后期的混凝土块住宅间存在着一种根本逻辑上的不同，即如果将这一体系简化为搭积木的过程的话，这种不同在于作为几何控制的网格秩序系统没有变化，而积木摆放的定位逻辑和搭接方式却发生了颠覆，而其背后是一种基本逻辑取向的倒转。

正如笔者在前文所做的分析那样，在米拉德住宅和斯托尔住宅中，它们的墙体厚度是从平面网格的边缘开始，从室内向室外扩充8寸而形成的，这样一来，外部的整个形体就因墙体厚度的定位方式在形体的转折处形成了一条8寸宽的"封边条"，即在外墙的边缘处形成了一条"半模"的要素，但其内部平面上的空间体量（Voulum）则保证了完整模数的完型。在这里，赖特强调了内在空间的完整，而外在形式做出权宜地让步，并因此在建构上产生了众多的半模砌块和1/4模数的砌块（形体三面交汇的顶点）（图3-35）。

而在其后的弗里曼住宅、恩尼斯住宅中，这一内在空间与外在形体之间的主从逻辑却发生了倒转，即墙体是从平面网格的边沿向室内缩进以形成墙体厚度的（图3-36）。这样一来，外在形体的构成变得单纯而明确，当我们从外部观察时，整个建筑仿佛是由一系列完整的边长为16寸的立方块搭砌而成，8寸宽的"封边"不再存在（图3-37~图3-39），而内在空间由于其体量逻辑是虚空和游移的，并非像外在形体那样是直观和完整的，因此退居次席。这导致了在室内墙面的阴角处，出现了宽度减半的"半模"砌块，而楼板、地面的高度定位也均与立面网格完整的分格线对齐，不再像斯托尔住宅中那样为了迎合墙体边沿"半模"的几何逻辑而刻意错半格定位。

笔者以为，这种墙体砌块的定位方式相较于前一种方式而言，使建筑的外在形式在尺度和层次的丰富性上都少了一个层级，然而对于方格网这

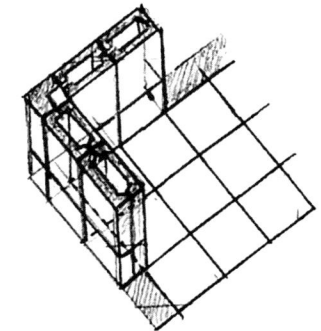

墙体向外扩边（斯托尔住宅和米拉德住宅）

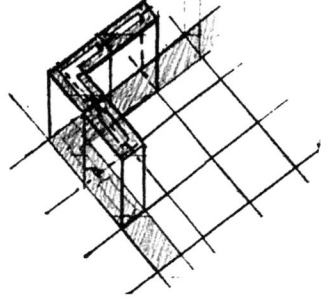

墙体向内扩边（恩尼斯住宅和弗里曼住宅）

图 3-35　米拉德住宅墙体边缘建构细部

图 3-36　混凝土块与地面网格两种对位关系轴测详图（笔者绘制）

一几何秩序而言，它却更加清晰和明确；就建造的标准化而言，其模块类型进一步减少，更加贴近赖特在这一体系中所追求的标准化特征，并因上述两点而更加现代。

但无论如何，这两种方法基本上只是硬币的两面而已，其优缺点是互为对立，并相互转化，墙体及其两侧空间的三者中只有一方可以达成完型，而另两者则必然削足适履，而这显然无法令赖特完全释怀。事实上，对这一矛盾的终极解决之道在恩尼斯住宅中已初露端倪，其奥义就潜藏在建筑中作为走道的柱廊中，在平面上，其两侧规则排列的每个柱子恰占据了一个 16 寸见方的网格，其间净空是 3 个网格，即 4 尺，这一区间由虚体的玻璃门窗填充。这样一来，室内－室外、空间－形式－建构在这一局部都达成了完美（图 3-40，图 3-41）。而在弗里曼住宅中，赖特也大量运用了这种占据整个网格的柱墩。

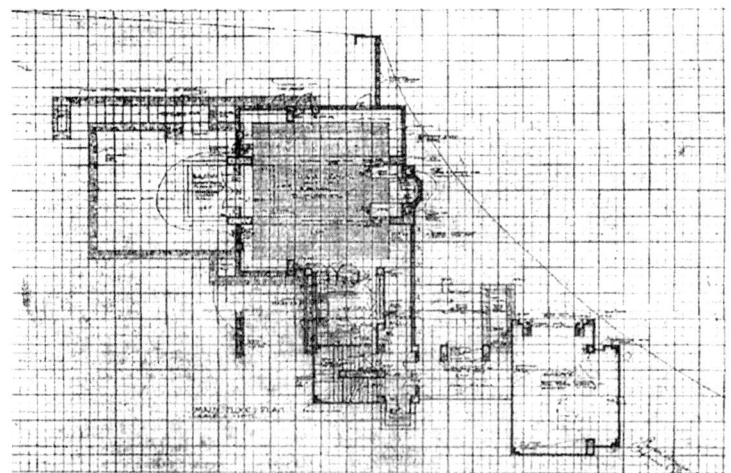

图 3-37 弗里曼住宅起居层平面图

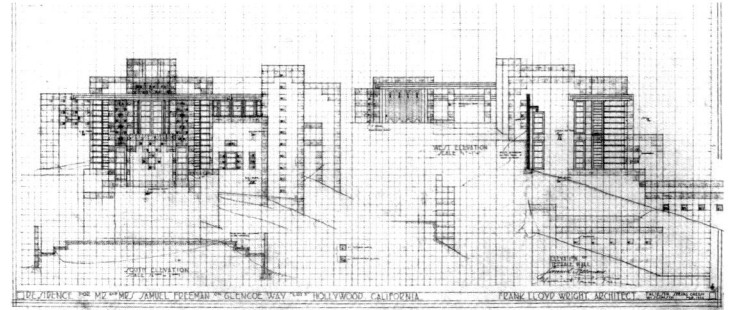

图 3-38 弗里曼住宅立面图

图 3-39 弗里曼住宅角窗透视图

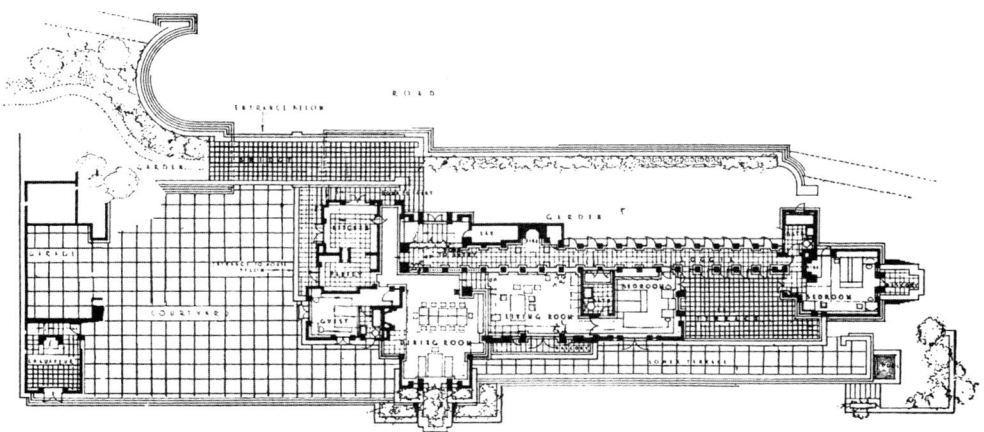

图 3-40　恩尼斯住宅平面图

图 3-41　恩尼斯住宅柱廊细节

事实上，如果我们从几何角度去探究前两种方式，就会发现其矛盾的症结正在于其墙体厚度是半模的 8 寸。倘若墙体的厚度是全模的 16 寸，那么上述的一切矛盾都将不复存在，因为墙体的厚度恰好占据了一个网格带，因而其自身及两侧空间都将因为与平面网格的严格对位而毫无瑕疵，达成完美。然而 16 寸厚的墙体从任何角度讲无疑都太过夸张了，那么"柱列"这一被阿尔伯蒂定义为从一整片墙体中掏出柱间区域而剩下的开洞墙体[1] 就成了最明智的选择。在这里，两位旷世的建筑天才从不同的角度出发达成了共鸣。

之所以说这是赖特给这一体系的终极解答，是因为在 1929 年的琼斯住宅中，赖特已将住宅通体设计成一种"柱列"的围合（图 3-42，图 3-43）。在这一住宅中，操控建筑生成的平面网格体系的尺寸有所变化，从原来的各个方向均为 16 寸的匀质体系调整为在水平面上是 20 寸见方，而高度上是 15 寸一格的体系（图 3-44）。而混凝土块表面的装饰纹样几乎全被滤除，以平坦表面示人（图 3-45）。对此，肯尼思·弗兰姆普敦颇有微词，他在评论琼斯住宅时说道："迄今为止，那种美妙的织物砌块（Textile block）中的编织结构（Waven fabric）被放弃了，转而彰显了叠砌于柱墩之上的更大的

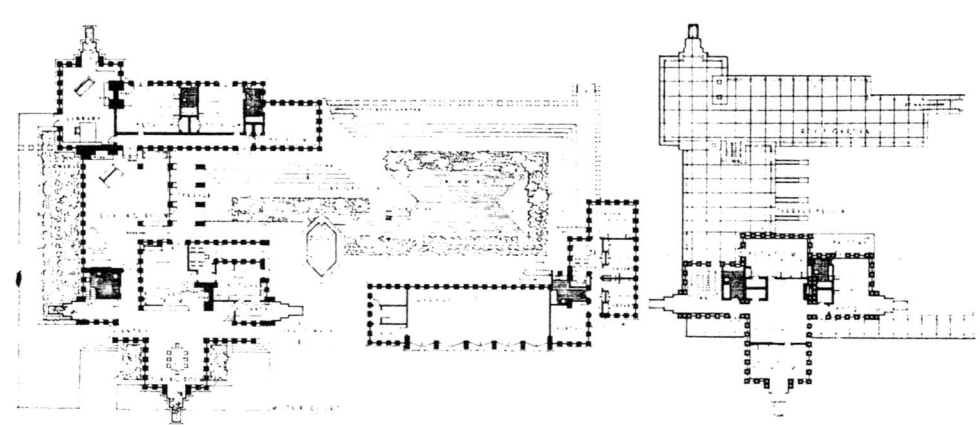

图 3-42 琼斯住宅平面图

1. 参Rudolf wittkower.Architectural Principles in the Age of Humanism.New York:W. W. Norton& Company, 1971.

图 3-43 琼斯住宅整体剖轴测图

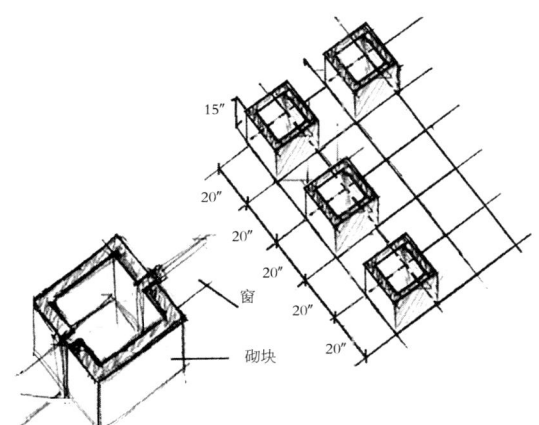

15"
20"
20"
20"
20"
20"
窗
砌块

图 3-44 琼斯住宅砌块组构详图（笔者绘制）

图 3-45 琼斯住宅局部透视图

混凝土块的组构。赖特的那种无法实现的埃及式的无窗立面理想现在也被放弃了，转而启用了一种亦虚亦实的柱墩与洞口轮换的方式，这导致了一种自相矛盾的对明确体量表现的损害。"[1]

---

1. Kenneth Frampton.Studies in Tectonic Culture.Cambridge, Mass : MIT Press, C1995. The Text-tile Tectonic,p141.

肯尼思·弗兰姆普敦之所以对这一混凝土块系列住宅的最后一个作品下如此判断，归根结底在于：它对混凝土块表面装饰纹样的滤除后的平坦形象及虚实匀质相间的呆板形式，及由这种简单的形式构成所带来的砌块表面"编织"形式的简化甚至消亡彻底打破了他赋予赖特的所谓"织理性建构"的全部主要特质。而弗氏对赖特建构表达这一定位的最有力支持恰恰是这一在赖特的建筑生涯虽然重要，但绝非全部的混凝土块建造体系。但倘若按照笔者以"几何建造秩序"为基本原则的形式及建构操作策略去理解这一过程，那却是一种顺理成章的进步。

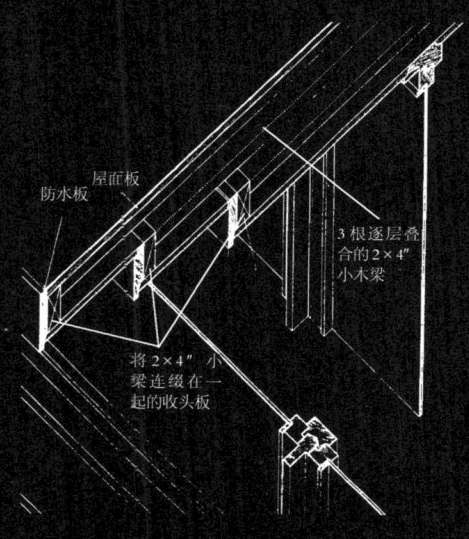

防水板　屋面板

3根逐层叠合的2×4″小木梁

将2×4″小梁连缀在一起的收头板

"为了达成宏观的控制。在我们这一新的建造体系中，我们应当或可以用到什么材料？在这里有5种材料：木，砖，水泥，建筑纸及玻璃。为了简化建造体系，在建造中，我们应当使用我们的水平网格单元体系。我们也应该使用一种垂直的网格单元体系，它其实就是木板和条带板它们自身，它们与砖造体系连接锁紧……

第四章
"美国风"住宅的材料层叠建构

"为了自己，也为了美国"

20世纪20年代，随着工业化的实现，美国的经济步入了一个稳定繁盛的增长过程。人们的收入和消费同时激增，纽约证券交易所的股价持续上扬。在这样一派繁荣的盛景下，个人、公司及银行财团疯狂地将数十亿、上百亿的美金投入股市，梦想着一夜暴富。然而在1929年9月，股价却急剧下跌，人们开始了疯狂的抛售，亿万美国人的金元梦想在一夜间化为泡影，整个国家的经济巨厦如同"9·11"的世贸中心一样瞬间崩塌。1929年10月24日，纽约证券交易所倒闭，数千家银行及公司关门停业，大量劳动者在一觉醒来时已经失业，他们多年的积蓄化为乌有。经济危机如同龙卷风一样迅速席卷了美国，使全国笼罩在一片阴霾之中。

赖特在这一年中所做的几个项目几乎全部夭折，设计费的收取更是天方夜谭。由于设计委托的骤然减少，赖特不得已靠写作和演讲来维持一家的生计。然而就在这样经济大萧条的苦难中，赖特并未放弃对建筑的执着，

1932 年他出版了自己的自传，并在众人的反对声中创办了"塔里埃森"建筑学校。也正是这场经济危机促使赖特开始思考一种廉价的住宅建造体系去拯救正处在经济危机水深火热中的国家和人民。他在自传中写道："廉价住宅不仅是美国的主要建筑问题同时也是这个国家主要建筑师的艰难课题。对我而言，我愿意并将圆满地解决这一问题而不是去建造那些我可以轻易构思的建筑。为了我自己，也为了美国（Usonia）。"[1]

赖特为这一问题提供的答案就是"美国风"住宅（Usonian House）[2]。它是一种基于建造的普适体系，即一种建造的规则和程序而非一个特定的建筑，墙体由工厂预制，到现场组装，建造细节被标准化，可以在不同的住宅中重复使用，并可因地制宜地根据特定序列进行重新组合，由此批量制造廉价住宅而大庇天下寒士。实现这一切最有效、最直接的方法就是几何秩序操控下的标准化和模数化，而对这一法门的运用和操控，赖特通过此前在混凝土块住宅体系中的洗礼和锤炼已驾轻就熟、信手拈来，只是他操纵的对象重又回到了草原住宅中的砖和木。与之不同的是，在这里，赖特放弃了过多形式上的矫揉造作。首先，大屋顶被摒弃，转而采用了经济实用的平顶；其次，墙面从一种建造、结构与装饰分离的窘境转向了一种简单的"建造即结果"的真实。赖特踏实地回归了基本的建造和对几何建构秩序逻辑的忠实求索上。

必须提前申明的是，笔者接下来对"美国风"住宅的探讨并非是泛论赖特从 1936 年开始到 1940 年代间所有以木板墙层叠建造为基本特征的砖木组合住宅，而是将其从宏观上分为两类。首先是那种单层体量的、平面基本为"L"形、且平面内的模数网格基本为 2 尺 × 4 尺的"美国风"住宅，它最重要的特征是墙体表面的两片宽木板间有一条明确的、凹陷的"条带板"存在。具体到单个建筑，这一类型主要包括 1936 年的雅各布斯住宅 I（Herbert Jacobs House I）（图 4-1，图 4-2），1939 年的罗森鲍姆住宅（Stanley Rosenbaum House，Florence，Alabama）（图 4-3，图 4-4）、波普住

---

1. Frank Lloyd Wright.An Autobiography.New York：Barnes & Noble Books，1998：489.
2. 赖特认为 "America" 一词太过宽泛，可以指整个的西半球美洲大陆，包括南美洲、北美洲及中美洲。因而他根据美国的全称 "美利坚合众国"（United States of North America）的首写字母组合 USONA 创造了 "Usonia" 和 "Usonian" 两个词汇。前者特指美国，而后者特指 "美国风" 住宅。

图 4-1　雅各布斯住宅Ⅰ透视图

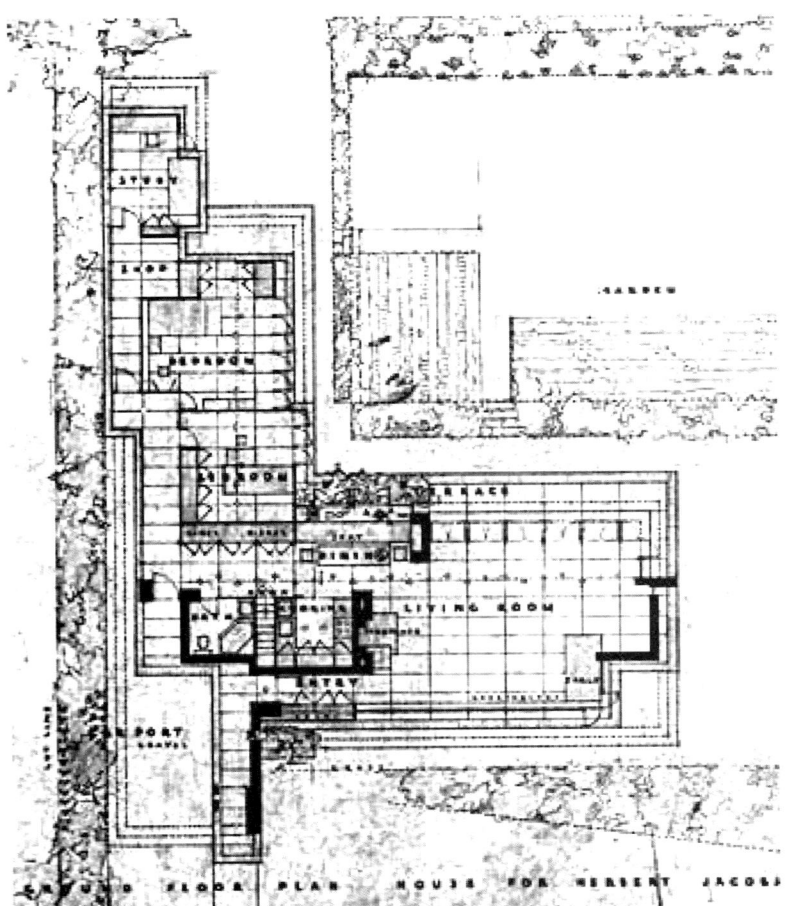

图 4-2　雅各布斯住宅Ⅰ
平面图

图 4-3　罗森鲍姆住宅透视图

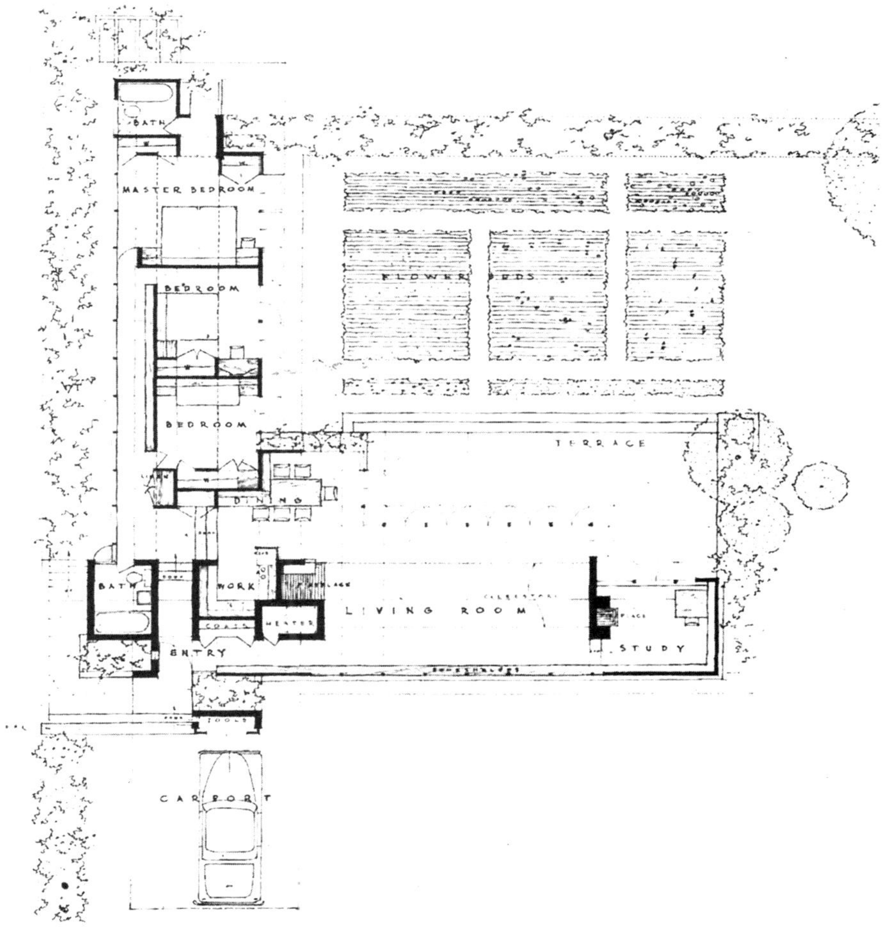

图 4-4　罗森鲍姆住宅平面图

宅（Loren Pope House）（图4-5，图4-6）和温克勒－戈茨住宅（Kathrine Winckler and Alma Goetson House）（图4-7，图4-8），1940年的贝尔德住宅（Theodore Baird House）（图4-9，图4-10）和1946年的史密斯住宅（Meloyn Maxwell Smith House）（图4-11，图4-12）等，而另一种类型及其特点将在下文另述。

图 4-5　波普住宅透视图

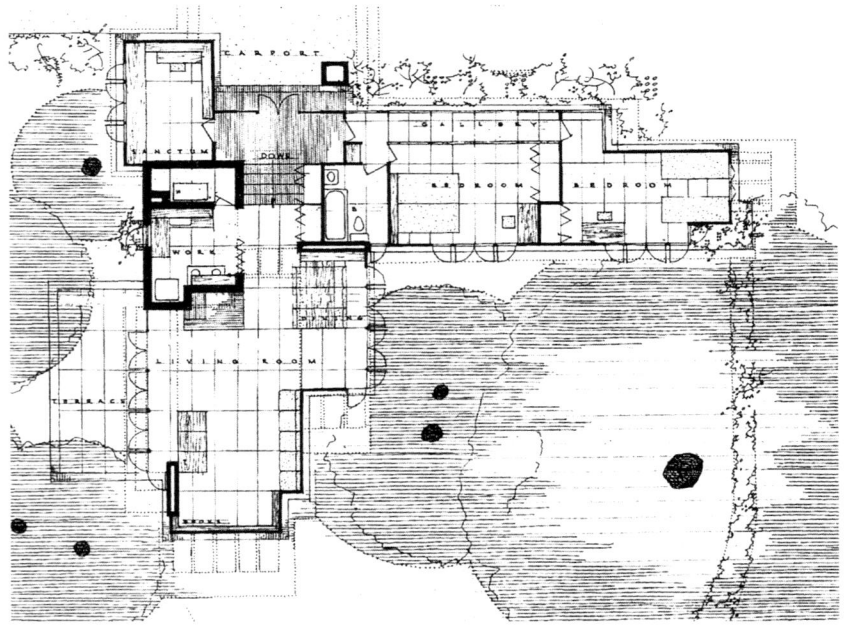

图 4-6　波普住宅平面图

图 4-7 温克勒—戈茨住宅透视图

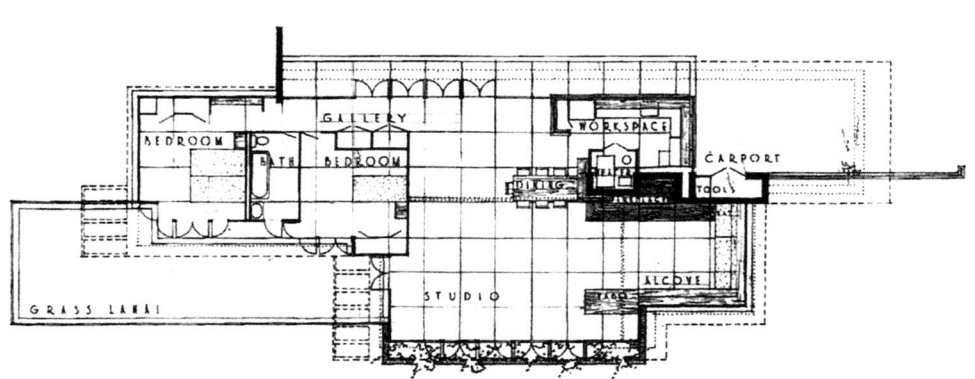

图 4-8 温克勒—戈茨住宅平面图

图 4-9 贝尔德住宅透视图

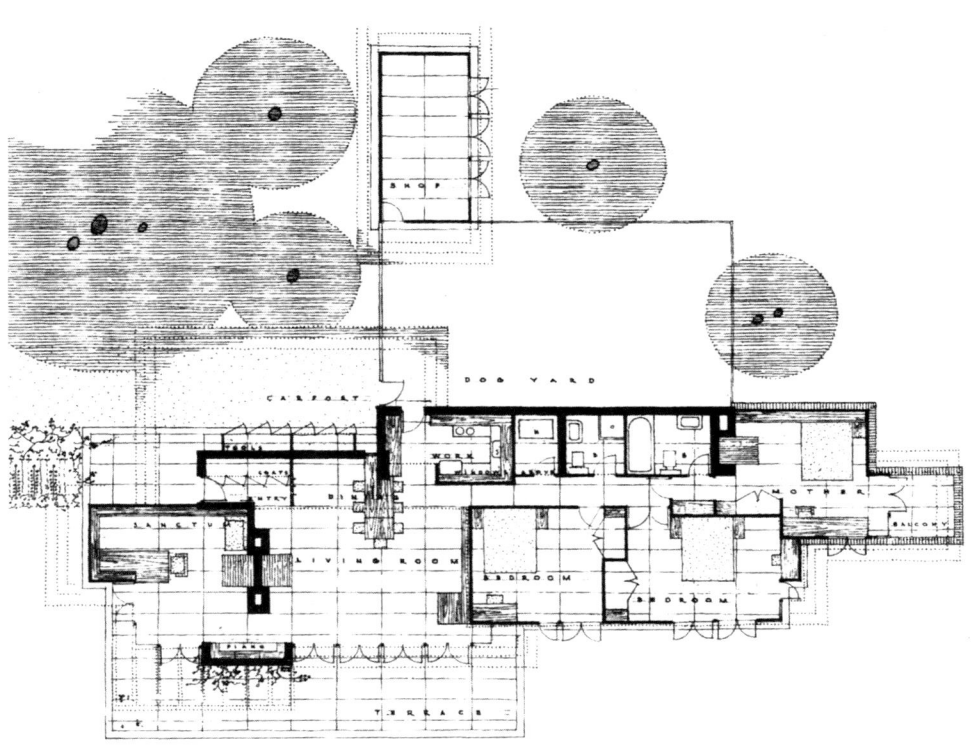

图 4-10 贝尔德住宅平面图

图4-11 史密斯住宅透视图

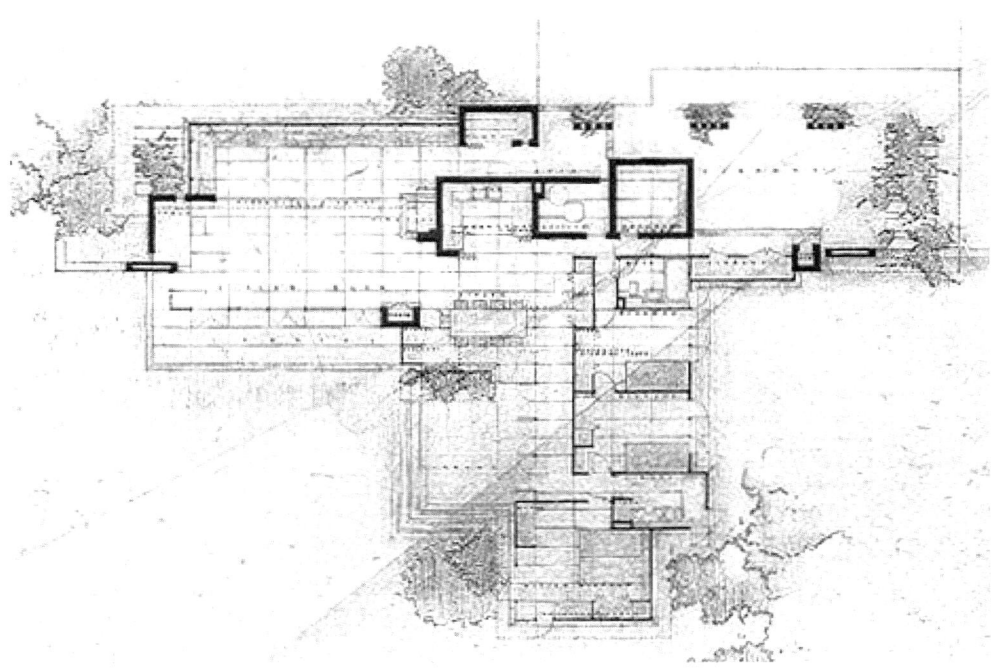

图4-12 史密斯住宅平面图

基于木板的完美竖向层叠建构

　　赖特自己对这一体系的阐释已足够清楚，他在自传中说道："为了达成宏观的控制（To assist in general planning）。在我们这一新的建造体系中，我们应当或可以用到什么材料？在这里有 5 种材料：木，砖，水泥，建筑纸及玻璃。为了简化建造体系，在建造中，我们应当使用我们的水平网格单元体系。我们也应该使用一种垂直的网格单元体系，它其实就是木板和条带板它们自身，它们与砖造体系连接锁紧。尽管它已越来越成为一种奢侈的材料，墙体将是内外面相同的木板墙体——其间夹着建筑纸的三层木板，板与板之间由螺栓紧固。这些由木板构成的板—墙，一种三夹板式的构造体系在很大程度上可以获得较高的防护价值，防虫尤其是防火⋯⋯屋顶首先被建造在支柱上，然后这些墙体被嵌入其下⋯⋯我们使用抛光的平板玻璃，它是一种我们已经掌握的可以使真正的现代住宅的设计者感到满意并赞美其居住者的美妙事物。"[1]

　　这其中被赖特称为"三明治（sandwich）"的木板复合墙体通常是由一层 3/4 寸厚的三夹板作为中间层，其两面各施一层建筑纸，以便隔离和防水，内外再铺以约 11 寸宽的面板，它与约 3 寸宽的间隔条带板以榫卯卡口的方式相互锁紧，最后用黄铜螺栓将三层木板紧固在一起。由于面板与间隔条带板间的构造搭接宽度是 1 寸左右，因而墙面在竖向上就形成了 13 寸一格的模数分层（图 4-13）。墙体内外表面因为建造逻辑的一致从而获得形式表达的一致，赖特再次将建造和形式统一了起来。在此基础上，墙体的多重 90 度角转折使其获得了充足的稳定性和支撑强度（图 4-14，图 4-15）。不仅如此，赖特还将墙体内面的构造与室内的搁架、橱柜等要素结合起来，例如，起居室背面的墙体上通常被书架填充，其搁板的厚度与墙面间隔板的宽度相同，并在定位上通通对齐（图 4-16，图 4-17）。正如赖特所言："如果不将家具、装饰画以及室内摆设与墙体设计融为一体的话，那么它们就没有存在的必要。"[2] 这足以说明由墙体层

---

1. Frank Lloyd Wright.An Autobiography.New York：Barnes & Noble Books, 1998：491.
2. ［美］肯尼思·弗兰姆普敦著.建构文化研究.王骏阳译.北京：中国建筑工业出版社，2007：118.

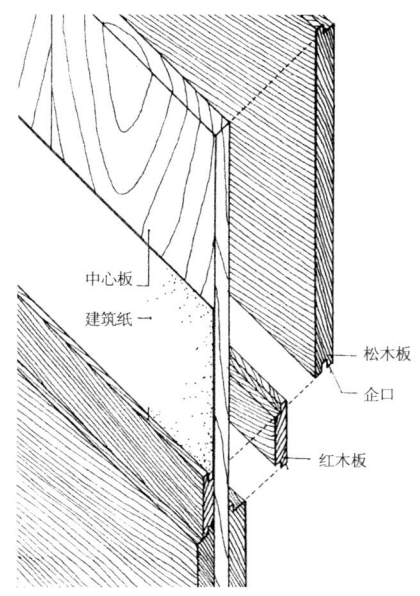

中心板

建筑纸

松木板

企口

红木板

图4-13 美国风住宅典型墙体建构详图

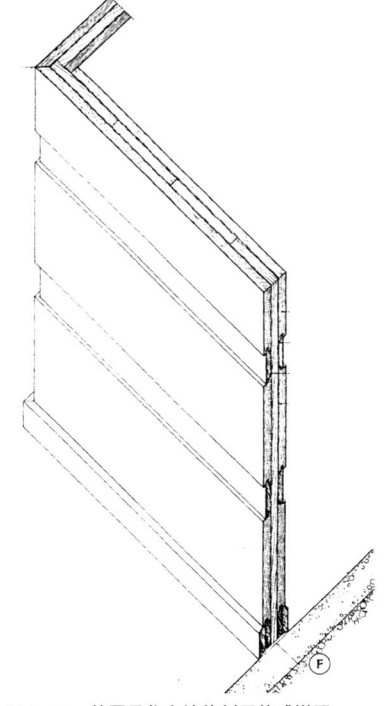

F

图4-14 美国风住宅墙体剖面构成详图

叠建造所产生的13寸层格的几何体系已经成为整个住宅中所有建构要素在竖向定位上的一根标杆，是赖特实现几何建构的一个契机。而这些书架、橱柜等构件的存在使得原本孤立的墙体在很多地方成为有加固支撑的复合结构构架，进一步增加了稳定性和结构强度，可谓一举多得。墙体顶端的最上一格，即屋顶下的一格通常是镂空的侧高窗，它一方面为室内带来采光，同时也维系了赖特一直以来对墙面形式秩序在竖向上的二分逻辑。

如同混凝土块住宅的屋顶和楼板一样，墙面之上的屋顶作为一个复合的水平板状要素被赖特赋予了一个竖向模数网格的厚度，即13寸，而这也与其真实的建造逻辑相符。为了节约造价，屋顶内的支撑木梁被设计成了3根2寸宽4寸高的小尺度木梁的叠合，而不是一整根12寸高的大梁，在同样达成结构力学对梁高要求的情况下，三根小木料显然比一整根大木料更节约。在室外的挑檐处，三层小梁从上到下逐层缩进，精确地契合了"悬挑"在力学上的理性特征，也使得挑檐获得了形式上的丰富层次。12寸高的木梁加上屋面上下的构造面层，使整个屋顶的厚度达到了13寸，因而很自然地与竖向的模数层格对位（图4-18，图4-19）。

屋顶整体的形式构成虽然放弃了草原住宅中形式化的坡顶，但也绝非平板一块。同一空间的屋顶通常由两个不同层次叠合而成

图 4-15 波普住宅墙体转角细部

图 4-17 雅各布斯住宅 I 起居室墙面上的书架细部（可见搁板与墙体分格的对位）

图 4-16 罗森鲍姆住宅餐厅转角处的搁架细部（可见搁板与墙体分格的对位）

图 4-18 雅各布斯住宅 I 屋顶挑檐细部

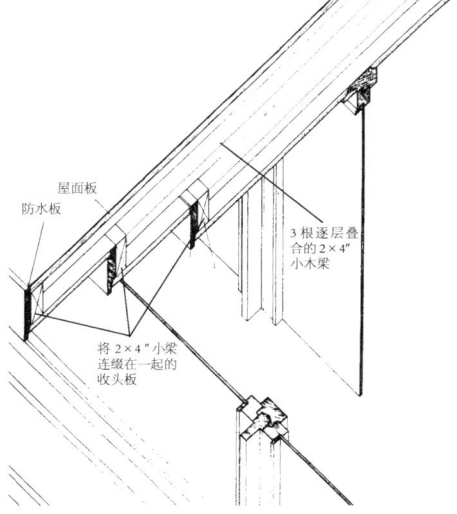

图 4-19 美国风住宅屋顶构造剖测详图

的，即在空间的中央部分通常存在一个高起的部分。另外，由于整体形式构成的需要，卧室和起居室部分的屋顶通常并不在同一层面上，不仅如此，两者的地面标高及层高也均有所不同（图 4-20，图 4-21）。然而，无论这种竖向层次的变化如何丰富，各层面及构件在竖向的标高定位上均可纳入 13 寸模数层格的控制中（图 4-22）。

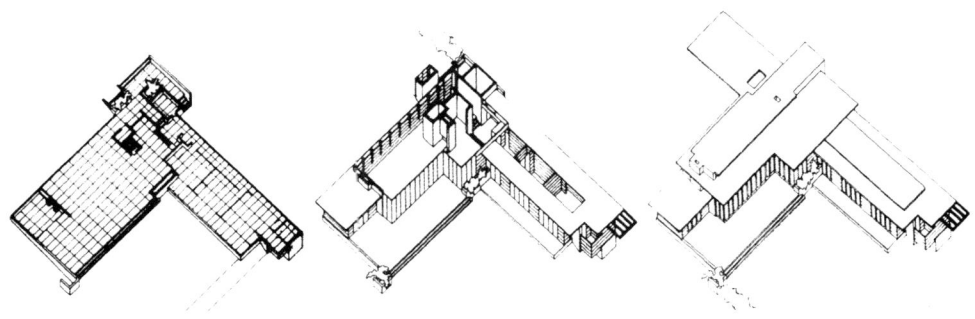

图 4-20 罗森鲍姆住宅轴测生成（可见屋顶的多重层次）

133

图 4-21 罗森鲍姆住宅起居室透视图（可见侧高窗及双层屋顶）

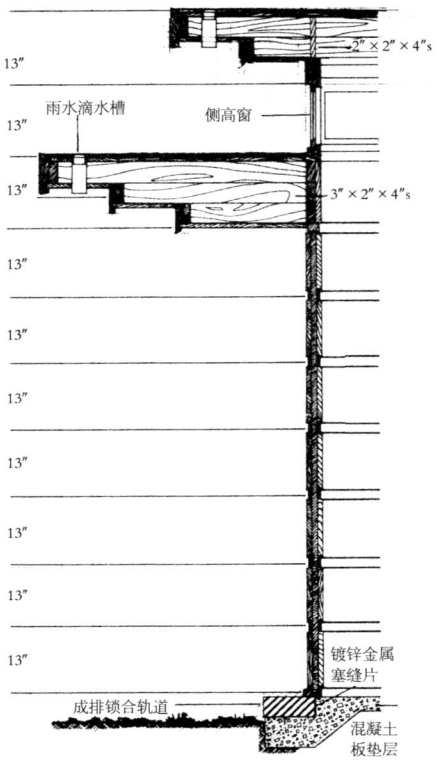

图 4-22 美国风住宅典型墙体及屋顶剖面详图

"木作"的规则和"砖构"的自由

"美国风"住宅的平面如同赖特一贯秉持的那样由网格操控而成，只是在这里由地面铺装划分所揭示的网格尺寸不再是混凝土块住宅中的 16 寸见方而是 2 尺 ×4 尺的矩形，当然在后期的一些住宅中也有较大的 4 尺 ×4 尺地面划分的情形。然而，这种地面上的划分并不能完全代表实际掌控建构的抽象几何模数网格。实际上，4 尺只是一个模数体系的基本中间值，它自然可以细分为半模的 2 尺和 1/4 模的 1 尺，从而掌控更小尺度元素的建构。以下，笔者将逐一解读这一体系中不同建构要素在平面中的几何对位策略。

首先，在这一体系中，赖特再也不必像在混凝土块住宅中那样为墙体厚度与网格间的对位关系而颇费思量了，由于"三明治"木板墙的建构厚

图 4-23 雅各布斯住宅 I 侧高窗与地面网格对位关系分析图

度很小，因而可以顺理成章地与网格线中心对位，即墙体的厚度中线与网格对位，而墙体的拐点均在网格交点上。其次，建筑中木构门窗的平面定位也与木板墙一样采用了简单而明确的轴线吻合方式，而门窗的立面分格竖框也全在网格交点处，这与草原住宅别无二致，笔者不再赘述其细节，这一策略保证了体系中所有门窗扇的标识宽度均为 2 尺，为实现门窗构件的标准化生产提供了契机。同理，建筑中所有侧高窗的平面定位及窗间分格也全以此法操控，只是其每扇宽度定位多与 4 尺的模数网格对位（图 4-23）。这种原则自然也贯穿在室内的一些橱柜壁板的定位及柜门的分格定位上。另外，所有屋顶中木梁的间距根据平面模数网格的不同被定位为 2 尺、4 尺或 5 尺（在平面模数网格为 5 尺的情况中），维持了赖特将屋顶和楼板中的梁或檩条与平面网格对位的一贯原则。而上述屋顶挑檐及其边缘处三层出挑的每一圈层边界也均由这一网格操控定位，可以说平面网格几乎掌控了它可以掌控的从地面、墙面、门窗直到屋顶内一切要素的平面定位及尺度（图 4-24~图 4-26）。

然而，这一匀质几何网格的掌控力度和范围却绝非像混凝土块建造体系中的匀质网格那样绝对，而这种差异与不同体系所采用的材料及其建构特性有关。

在混凝土块体系中，混凝土块是一种具有统治力量的建构元素，它不仅建造墙体同时也建构梁、柱、板等结构构件（至少是规限了它们的建构，并将它们整合在统一的几何体系内），而剩下的门窗等元素只以一种附属物的姿态嵌入主体的开口或缝隙中，而这些开口和缝隙显然是由叠砌混凝土块在几何网格操控下而严格预留的，因而这些附属要素也自然纳入了网格的规范。即混凝土块体系可以理解为是一种单一材料的建造体系，因而掌控其建构的秩序逻辑也相对单一、纯粹，没有半点杂糅。而"美国风"住宅则不同，我们不得不承认，从材料总体组成而言，它包含了木和砖两种在性质上截然不同、

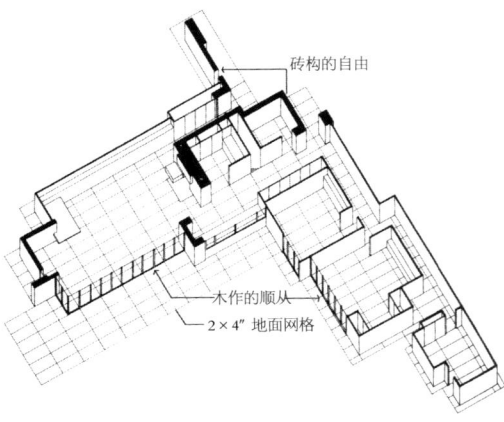

图 4-24　雅各布斯住宅 I 剖轴测图

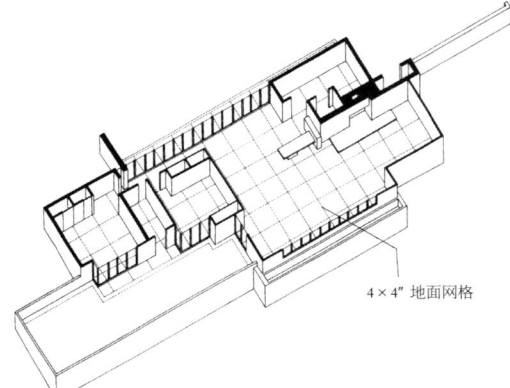

图 4-25　温克勒—戈茨住宅剖轴测图

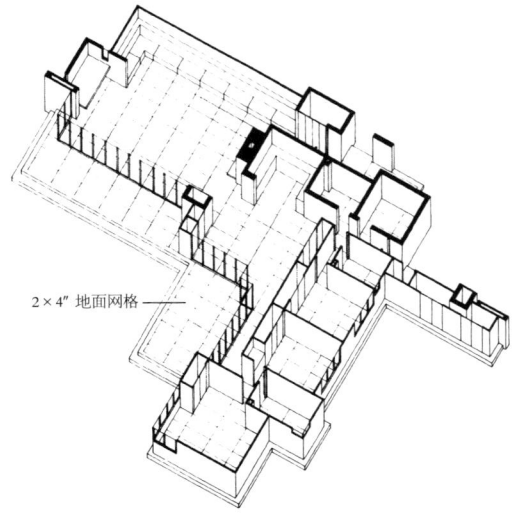

图 4-26　史密斯住宅剖轴测图

且在建筑中势均力敌的材料。它们在成为模数化的材料单元后，其不同的几何特质所衍生的控制其建构的几何逻辑规则必然不同，这与草原住宅中的情形类似，正如笔者在分析玛丁住宅时所呈现的那样，匀质的几何网格直指木构门窗这些以框架为基本建构模式的建构要素，而"井格"秩序直指砖作这一基本以砌筑为建构模式的建构要素。用图示来表达如下：

材料——建构形式——几何建构规则——组合构件的抽象几何模型

木——框架——匀质网格、轴心对位——无厚度和体积的面或框架

砖——砌筑——图底网格、边界定位——有厚度有体积的体量[1]

与材料特质对几何建构体系不同要求相伴的是建筑中的不同建构层次所归纳的不同几何范式，一般而言，结构要素适用"间隔"的几何框架体系，而填充要素适于"匀质"的网格叠加体系。例如在玛丁住宅中，结构体系运用了"实体"与"空间"间隔的"井格"体系；而门窗等填充物则运用了匀质网格体系，即在类似这种砖木混合的建构体系中理所应当地存在由不同材料和建构层次所决定的多种相应的几何建构规则。好在，玛丁住宅在"材料——建构层次"这两个层面上的区分是对位同构的，即"砖"建构"结构要素"（柱），两者都要求间隔的几何体系（"井格"体系）；而"木"建构"填充要素"（门窗），两者都要求匀质的几何体系。

要将两种体系统合在同一建筑中，使其间呈现出精确、完美、互不冲突的并存关系，唯一的方法就是在两种体系间建立恰当的关联，并用几何策略对不同体系进行调整和拼凑。例如在玛丁住宅中，赖特通过两套几何秩序在具体尺寸和对位上的精心调配，使得木构和砖造在混杂度很大的情况下基本达成了协调共存，例如餐厅和起居室两侧"井格柱"的间距是280寸，这恰与7格匀质网格对位。然而，我们也看到两者间的关系也并非总是如此完美，例如玛丁住宅二层不可窗带中窗扇定位的匀质网格体系就是"随遇而安"的。

归根结底，在玛丁住宅中，掌控砖构和结构体系建构的"井格"体系是先入为主的，而掌控木构填充的匀质网格体系是片段化介入的，因而弱

---

1. 笔者的这一图式分析很容易让人联想起森帕尔的"建筑四要素"理论，只是笔者剥离了其前面建构要素的文化人类学源头和其在建筑中的宏观功能分类，即砖对应着基座——抬升，而木对应着构架——庇护，而在后面加入了每一材料在建构过程中对应的抽象几何形式和建构原则。

势的后来者必须在与前者冲突的时候委曲求全，例如短肢端头长条砖垛间10寸宽的非标窗扇。而砖作也并非总是唯吾独尊，在某些细节处，它也必须对后者略作让步，例如南立面长短肢阴角处的20寸填塞砖墙就是如此。而采用多种模数长度砖块的组合调配去营造不同尺度要求的构件和间隔墙体不也是对砖标准化同一性本质的一种歪曲吗？

图4-27　雅各布斯住宅 I 起居室门窗的网格对位与墙体的非对位细节

　　由此而言，两种体系间的协调何尝不是对冲突各方利益的损害，两者的完美融合仍远未达成。而在"美国风"住宅中赖特索性放弃了这种损益参半的求全责备，而采用了一种顺其自然的豁达处理，在这里，掌控木构的匀质网格成了绝对的统治者，而赖特也没有刻意地为砖作预设明确的几何建构体系，即砖造部分被释然地置入了匀质网格之中，它与匀质网格间往往只在砖造的转角或某一边界处采用偏于网格一侧或轴线对位的严谨对位方式，而构筑砖墙的每一砖块均为同样尺寸，最终墙体的平面形状和尺寸只是砖块垒砌的自然结果，因而其自由端往往不与网格发生明确的对位关系（图4-27）。然而在某些情况下，两者之间也会获得一

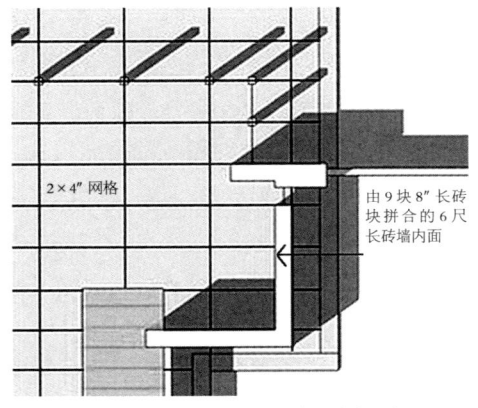

图4-28　雅各布斯住宅 I 起居室端头墙体局部平面图（笔者绘制、整理）

图4-29　雅各布斯住宅 I 起居室端头墙体细节

种源于模数长度公倍数的巧合，例如在雅各布斯住宅 I 中，起居室端头 "L" 形墙体的一边明显是与起居室中部的三个网格对位的（图 4-28，图 4-29），其内因在于砖块的长度是 9 寸，那么 8 块砖的拼砌长度刚好为 6 尺，可以与地面内 3 格 2 尺宽的网格对位。但在竖向上，砖块的叠砌厚度模数与木板墙 13 寸的分层模数则很少达成共识，赖特也没有刻意调整其中的一者去创造那种在草原式住宅和混凝土块住宅中严格的竖向元素间的层叠对位。

综上所述，砖造部分在 "美国风" 住宅中基本显现出一种自我的超然姿态，不卑不亢，能与木构部分配合就配合，倘若不能也绝不屈从。然而从另一个角度去理解，砖在这一为木构要素量身定制的几何建构体系中，归根结底只能是一种异质元素。从逻辑上讲，两者想在互不损益、坚持自身独特属性的情况下达成完美共存是不太可能的。从这一角度而言，混凝土块体系应该是赖特所创造的三种住宅建造体系中最简单、也是最完美的一种，因为它归根结底是一种单一材料的建构，排除了人为造成的异质元素间的矛盾。而密斯和康在他们一生的建构探索中也一直致力于材料和建构层次的约减，密斯归于单一的框架及匀质体系而滤除实体性要素，康专注于实体砌筑的间隔系统而滤除线框性要素，这使他们规避了赖特两套系统相互缠绕的纠结，其基本动机和内因也与此相通。由此，少即是多。

顶棚和墙体的 "分裂" 与 "统一"

图 4-30 罗森鲍姆住宅起居室顶棚铺装细节

那么，在 "美国风" 住宅中，是否所有木构均可被精确地纳入这种为其量身定制的几何建构体系中呢？对这一问题的回答却绝非是或非那样简单，这其中蕴含着多重矛盾和疑窦，而这些矛盾和疑窦集中体现在住宅屋顶底面的木制铺装上。

首先，"美国风" 住宅屋顶底面饰面基本均为木制，然其单元铺装形式却有两种：其一是与 "三明治" 墙面一样的板条，其二是与地面划分形状一致的矩形木板。在后一种情形中，顶棚饰面严谨地将地面上的网格反射到顶面上，并自然与地面分格严整对位，平面网格对水平维度内要素达成了通体的绝对控制，没有任何矛盾和疑窦。按此法建造的"美国风"住宅包括 1939 年的罗森鲍姆住宅，其屋顶底面采用了与其地面分格一致并对位的 2 尺 ×4 尺的木板铺装（图 4-30）；在同年的温克勒－戈茨住宅中，顶棚铺装同样是与地面网格对位的 4 尺 ×4 尺的单元板片（图 4-31，图 4-32）。由以上两个住宅可以看出，赖特是愿意，也是可以将顶棚底面铺装分格纳入平面网格的同构中的。

　　然而，在另一种采用与"三明治"墙面一样的、由板条铺装的顶棚底面中，这种明确严格的几何对位却极少呈现。事实上，如果顶棚底面采用一尺宽板条严丝合缝的拼接（剔除间隔条带板）是完全可以跟地面上 2 尺或 4 尺宽的模数网格发生对位的，因为它们之间是一种倍数和约数的关系。然而，赖特在这里却再次陷入了一种两难的境地，首先，为了最大限度地实现标准化，对顶棚底面铺装的处理最好采用与"三明治"墙体表面模数（9~10 寸）一致的材料，由此，势必无法与地面网格形成同构对位。而若要

图 4-31　温克勒—戈茨住宅起居室透视图（可见顶面铺装与地面铺装的对位）

图 4-32　温克勒—戈茨住宅起居室透视（可见屋顶铺装）

实现顶棚与地面间在几何模数上的完美对位，顶棚底面的铺装板材必须依据平面网格模数重新量身定制，而这将使其失去与墙体材料的标准化关联。在这里，赖特选择了前一种方式，一方面是因为这一体系的首要目标是在于节约造价，再者此时年逾六旬的赖特对建筑的理解似乎进入了一种更加坦然的状态，在形式的精确苛求和建造的顺其自然间，他往往会选择后者。因此在大多数情况下，赖特运用建构墙体的宽板条严丝合缝的铺装顶面，这样，其宽度模数约在 9~10 寸间而非 1 尺。但即便如此，我们仍可在一些屋顶底面的转角处发现那些木板条以精准 45 度对接的方式盘旋游弋，自娱自乐地演绎着"自身"在几何形式上的舞蹈（图 4-33，图 4-34）。

　　然而，当我们深入地、从几何内在逻辑的角度去探讨这一"底面与顶面的矛盾"时，会发现这种矛盾的产生归根结底是因为：在这一体系中，

图 4-33　史密斯住宅起居室透视图（可见顶面铺装并未与地面网格对位）

图 4-34　波普住宅室内透视图

平面网格的模数尺寸与立面垂直层叠的模数尺寸间存在着分裂，即平面网格的基本模数是 1 尺，而立面的分层模数是 13 寸，即"美国风"住宅并未像其前任的混凝土块住宅那样基于同一材料在平面及垂直方向上运用相同的模数，也没有在二者间建立必要的沟通和联系。这可能是因为赖特在确定竖向的层叠模数时更加尊重木料的工厂预制标准尺寸，而在平面模数的确定中却沿用了其一贯秉持的 4 尺这一基本数值所导致的。

事实上，赖特应该是深谙这一矛盾症结的，而且早在这一体系诞生的时候，他已经可以轻松化解这一问题了，而其答案就蕴藏在雅各布斯住宅 I 中。一个鲜为人知的事实是这一住宅"三明治"墙体的竖向层格模数恰是 1 尺而非其大多数同辈的 13 寸，其中宽板条约为 9 寸宽，间隔条带板约为 3 寸宽，而其具体的构造方式则与其他"美国风"住宅无异。毫无疑问，这样 1 尺高的竖向模数是可以与平面网格模数建立起关联的，而与墙面采用完全同样建构方式（间隔条带板回归而非密缝拼贴）的屋顶底面铺装自然可以顺理成章地与地面上的平面网格建立起对位关联。这一切是不能用巧合来解释的，它一定是赖特精心策划的结果。由此，顶棚底面的几何图案不再是自娱自乐的盘旋游弋，它同时获得了来自墙面和地面分格的共鸣，共同奏响了完美的和弦。赖特在这里从根本上将不同维度内的秩序模数、建造方

图 4-35　雅各布斯住宅 I 室内透视图（可见墙面　图 4-36　雅各布斯住宅 I "三明治"墙体细部与顶面相同的建构方式）

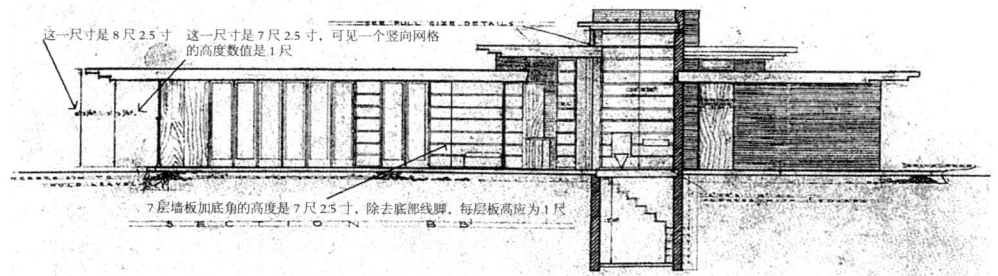

图 4-37　雅各布斯住宅丨剖面分析图

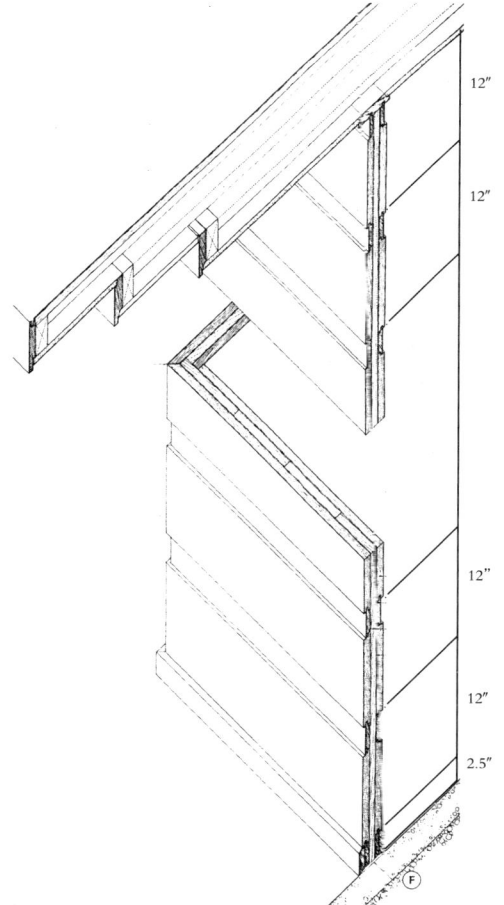

图 4-38　雅各布斯住宅丨墙体剖测详图

式与形式逻辑统一了起来（图 4-35~ 图 4-38）。就此而言，这一"美国风"住宅中最早的一个作品是后来者所不及的。

在对这一类"美国风"住宅做了全面、深刻的解读后，不难发现一个有趣的现象，那就是无论从空间、形式构成等外在表象抑或是几何建构秩序等内在逻辑，甚至是建构秩序的内在分裂与矛盾上讲，赖特的这一系列"美国风"住宅与密斯的巴塞罗那德国馆都极其相似。两者是材料表象不同而内理一致的殊途同归。

至此，笔者对前文界定的第一种类型"美国风"住宅中蕴含的几何建构规则及其中潜藏的矛盾与疑窦及其背后深层的逻辑内因已阐释完毕。而笔者之所以将"美国风"住宅划分为两类，是因为从建造规则和生成逻辑上讲，笔者上面的阐述是无法适用于第二种类型的"美国风"住宅的，在笔者看来，这种划分是符合赖特自己在实际设计过程中的思路的。

后期"美国风"的形式做作

"美国风"住宅的第二种类型在总体上多为两层，其形式上最突出的特点是水平状平台或屋顶板的大尺度层层出挑、再由垂直墙体加以竖向平衡，这种形式上的抽象和夸张显然与设计建造于1936~1939年的流水别墅不无关系。外围墙体和阳台栏板表面板条逐层倾斜地外扩或内缩是这一类型在细节处形式建构的通则。

在建造细节上，正是由于墙面板条的倾斜使得上一类型板条中间的凹陷条带被抹杀，每层倾斜的木板都是直接与其上下层板条紧密搭接的，由此标识的竖向分格模数大多是9寸，鲜有例外。在绝大多数情况下，这一类型"美国风"住宅的屋顶和楼板底面与墙面采用相同的材料及建构方式，即模数9寸宽的木板条斜搭成片。

这一系列住宅反映在地面铺装上的平面网格均为方形，但模数却少有类同。笔者将这一类型作品的名称、平面及竖向模数分列如下：1939年的李维斯住宅（Lloyd Lewis House）（图4-39~图4-42），平面模数5尺、竖向模数9寸；1939年的斯塔杰斯住宅（George Sturges House）（图4-43~图4-46），平面模数6尺4寸、竖向模数11寸；1938年的皮沃住宅（John C

图4-39　劳埃德·李维斯住宅透视图

图4-40　劳埃德·李维斯住宅透视图

Pew House)（图 4-47~图 4-50 ），平面模数 4 尺、竖向模数 9 寸；1940 年的阿弗莱克住宅（Gregor Affleck House ）（图 4-51，图 4-52），平面模数 4 尺、竖向模数 9 寸。当然还有其他一些运用类似手法作品，如 1940 年的保

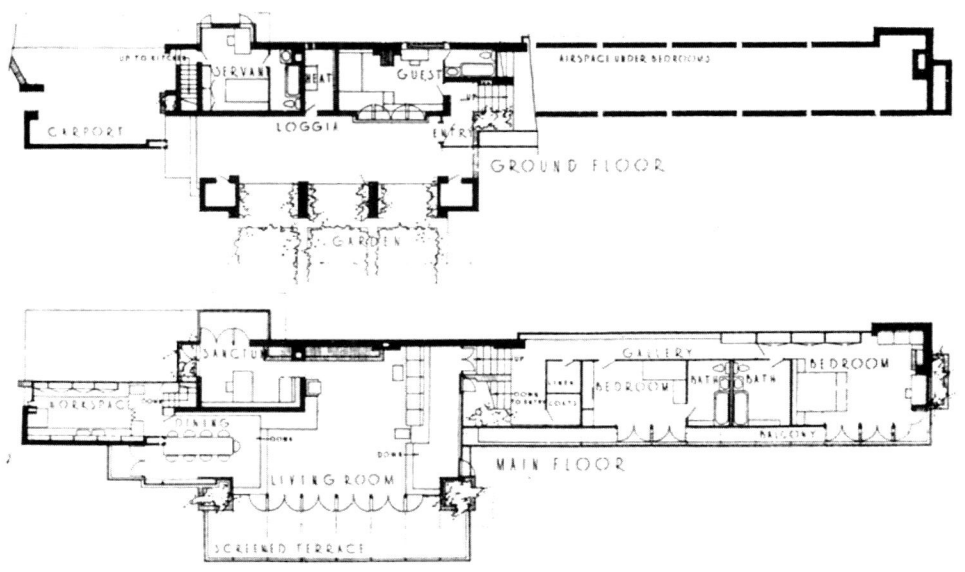

图 4-41 劳埃德·李维斯住宅平面图

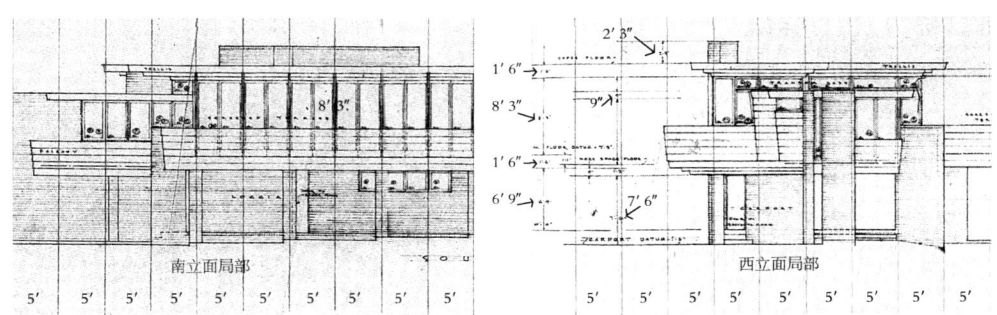

图 4-42 劳埃德·李维斯住宅立面分析图（所有竖向尺寸定位均由 9″ 模数控制，而水平模数由 5′ 控制）

图4-43 斯塔杰斯住宅透视图

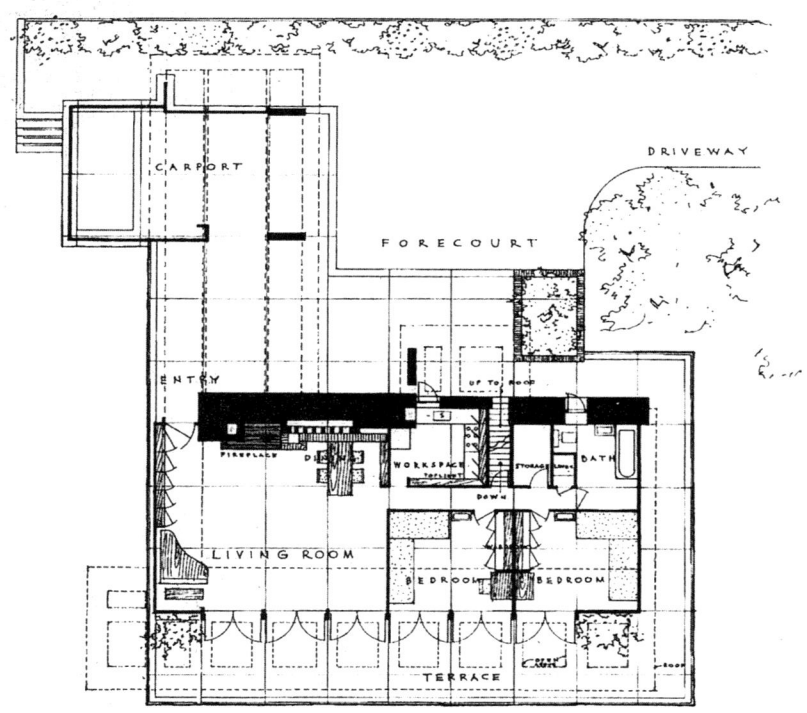

图4-44 斯塔杰斯住宅平面图

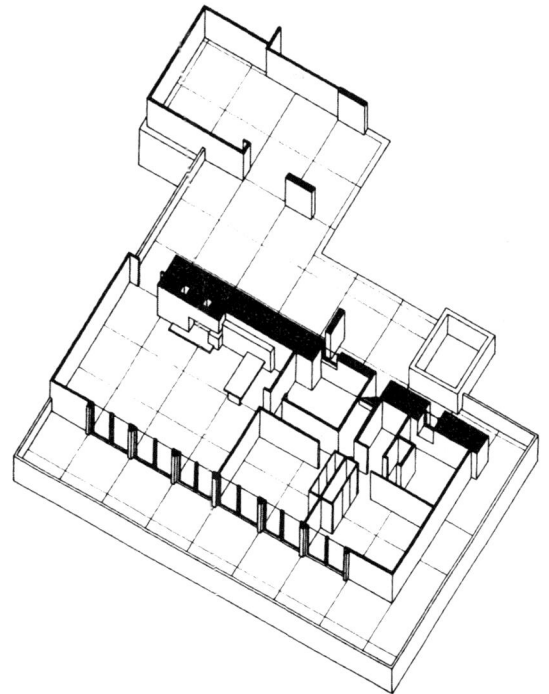

图 4-45 斯塔杰斯住宅剖轴测图

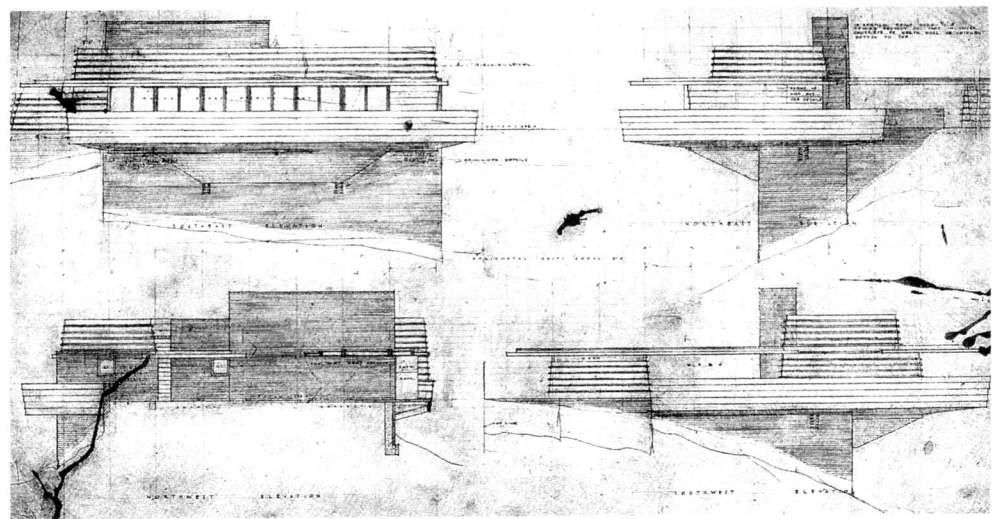

图 4-46 斯塔杰斯住宅立面图

图 4-47　皮沃住宅透视图

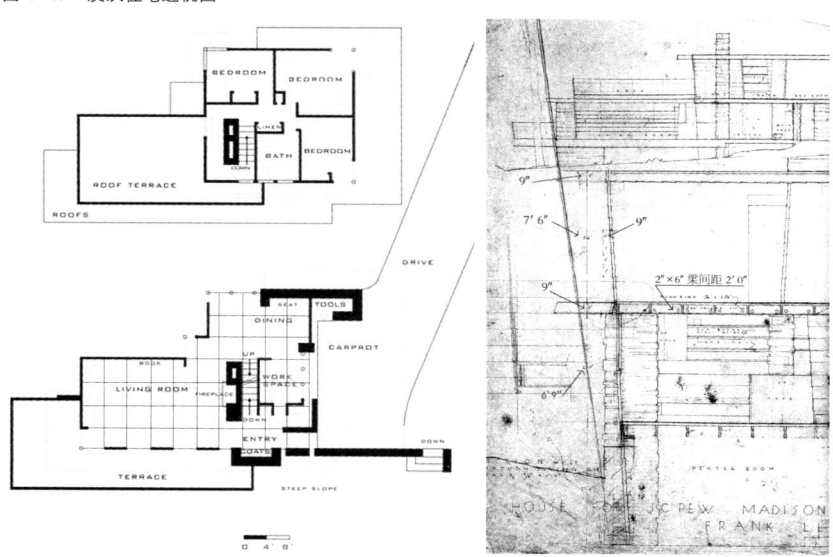

图 4-48　皮沃住宅平面图　　　　　　　　　　　图 4-49　皮沃住宅剖面局部详图

图 4-50　皮沃住宅室内透视图

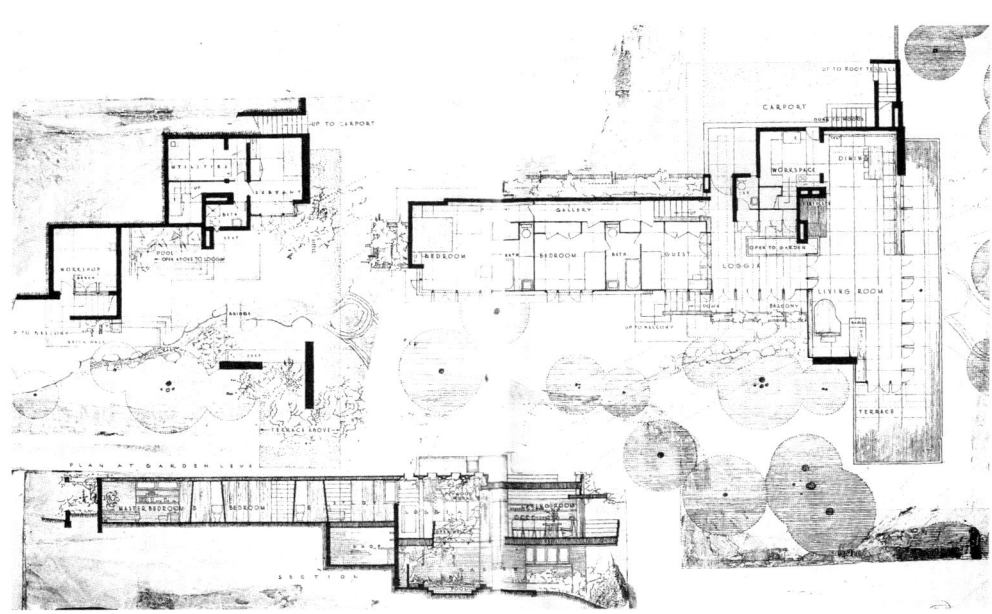

图 4-51 阿弗莱克住宅平面及剖面图

图 4-52 阿弗莱克住宅透视图

森住宅（Rose Pauson House）（图4-53，图4-54）等，笔者不再赘述，这一类型更多地掺入了"水平悬挑"这一形式化意图而渐渐远离了基本的"秩序建造"。

另外，"美国风"住宅中尚有为数不多的几个以正六边形或45度角平面网格为几何生成规则的作品。例如1937年的汉纳住宅（Paul R Hanna House）（图4-55，图4-56）、1940年的巴塞特住宅（Sidney Bazett House）（图4-57）及1941年的沃尔住宅（Wall House）（图4-58）。虽然其对建构掌控的基本秩序原则与第一类"美国风"住宅无异，却彰显了年逾古稀的

图4-53　保森住宅透视图

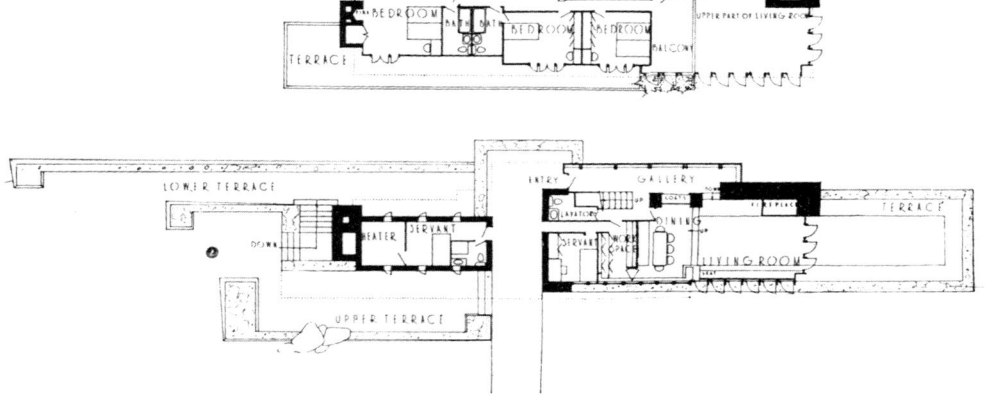

图4-54　保森住宅平面图

图 4-55 汉纳住宅透视图

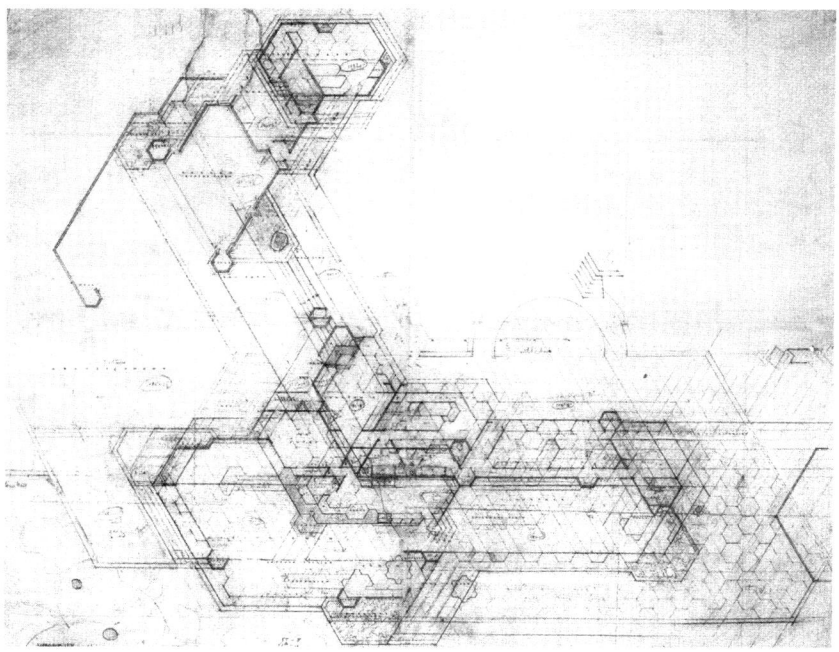

图 4-56 汉纳住宅平面图

图 4-57　巴塞特住宅透视图

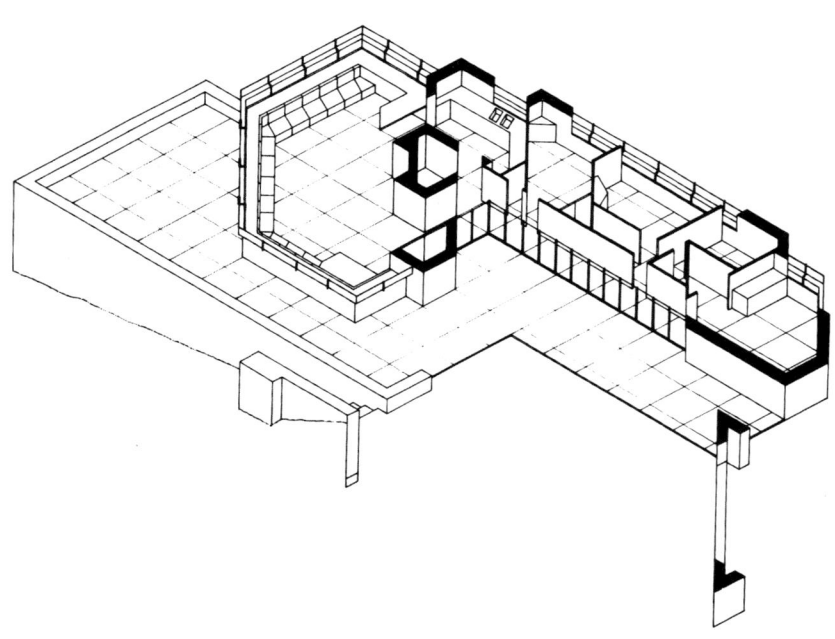

图 4-58　沃尔住宅轴测图

赖特对复杂几何形式的迷恋和挖掘,其创作方向逐渐从"秩序的建造"向"秩序的形式"转变。

综上所述,"美国风"住宅虽然在不同类型中存在着一些具体建构方法、细节和模数尺寸上的差异,但其强大的秩序生成原则却是共通的。相较赖特之前的一些建造体系,它更加强调一种垂直层叠的几何逻辑,而平面内的秩序规限则自由很多。这种竖向的精确定位虽然是源自木板墙体的材料模数,但它同时也掌控了空间高度、楼板、屋顶厚度等抽象抑或具体要素的尺度及定位秩序,它为建筑开启了垂直维度上的几何秩序典范。而当我们将目光投向赖特之后的密斯、康及贝聿铭等众多现代主义泰斗的作品时,会发现这也是他们的共同原则。

另外,在第二类"美国风"住宅中,我们明显的看到了赖特的形式化趋向,悬挑、倾斜、收分是其典型手法。然而赖特却并未因形式而牺牲建构的秩序和规则,相反,他用后者归纳、整合前者,使感性的形式上升为理性的自由。

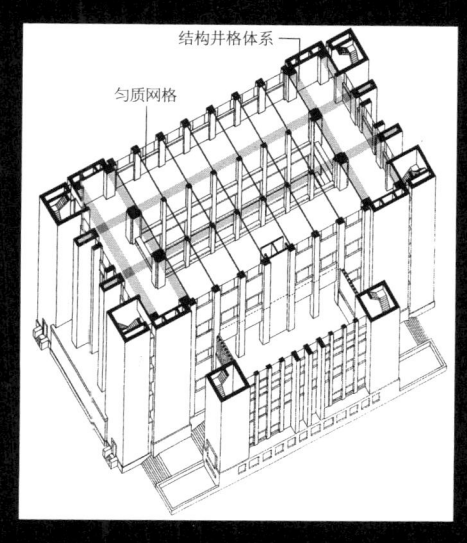

结构井格体系

匀质网格

　　今天，团结教堂应当成为一种对我们已经失去东西的响亮备忘。如果我们想创造我们这个时代杰出建筑的话，那么这些东西应该被重新获得。我们今天的建筑，它们表面的张牙舞爪事实上是源于其骨子里对原则无知和缺乏的恐惧，并因此自暴自弃的在花样繁多的形式冒险中寻求逃避。建筑作为一种规则的理念是走出这一歧途的唯一途径。弗兰克·劳埃德·赖特为"建筑的内因"而工作，创造了一种独一无二的哲学和形式法则的整合，这赋予了他自信和伟大。

第五章
从"秩序建造"向"秩序形式"
转变的公共建筑

相比于数目繁多住宅而言，赖特一生的公共建筑可谓凤毛麟角，而在本质上，公建和住宅的区别对于赖特而言仅在功能、形式特征和建筑尺度等表象上，其内在的建构规则和形式生成法则却是一脉相承的。而为数不多的公共建筑相对于住宅而言给赖特带来了更加理想的实现其建筑理念的机会，这全赖公共建筑简洁而明确的功能所赐。

赖特在草原住宅和混凝土块住宅时期的公共建筑事实上就是对其住宅建构规则的提纯和精炼；而赖特晚年的公共建筑为其提供了实现其几何形式诉求的绝佳机会，这一点显然是规模较小而功能琐碎的住宅所无法"承受"的。在这一过程中，赖特的创作主旨经历了从"秩序的建造"到"秩序的形式"的演进和变迁，而这一历程并非一帆风顺，其中蕴含了许多值得辨析的疑窦，归根结底，建构和抽象形式的终极矛盾是其症结所在。

匀质体系与"井格"体系纠结错位的团结教堂

在深刻地理解了草原住宅的几何建构规则之后,团结教堂(Unity Temple,1904)(图 5-1)对于我们来说应该是可以迎刃而解的。作为与草原住宅相伴的一个公共建筑,它与前者之间有着内在的亲缘关系,即它们蕴藏着共同的建构秩序法则,而且相比于草原住宅因功能和形式特异而导致的整体组构之复杂和"混乱",团结教堂要简洁、明确得多,因而它更有利于我们去发掘赖特对单个完整体量或说是独立结构单元进行建构的内在秩序法则。反过来,通过对它的解读,我们也可以更加清晰地理解草原住宅的建构本质,即后者的建构必须被理解为是先有了一个个按规整几何法则完美建构的独立单元后,通过对它们进行合乎规则的灵活变异,再将它们组合在一起而形成的。

罗伯特·麦卡特对团结教堂评价道:今天,团结教堂应当成为一种对我们已经失去东西的响亮备忘录(sharp reminder)。如果我们想创造我们这个时代杰出建筑的话,那么这些东西应该被重新获得(regain)。我们今天的建筑,它们表面的张牙舞爪(apparent energy and diversity)事实上是源于其骨子里对原则无知和缺乏的恐惧,并因此自暴自弃的在花样繁多的形式冒险中寻求逃避。建筑作为一种规则(discipline)的理念是走出这一歧途的唯一途径。弗兰克·劳埃德·赖特为"建筑的内因"(in the case of

图 5-1 团结教堂透视图

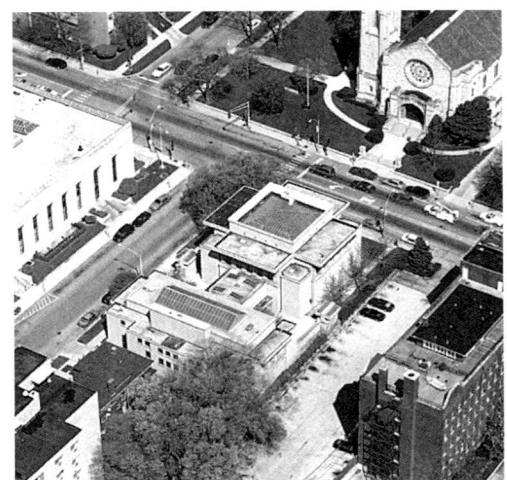

图 5-2　团结教堂鸟瞰图

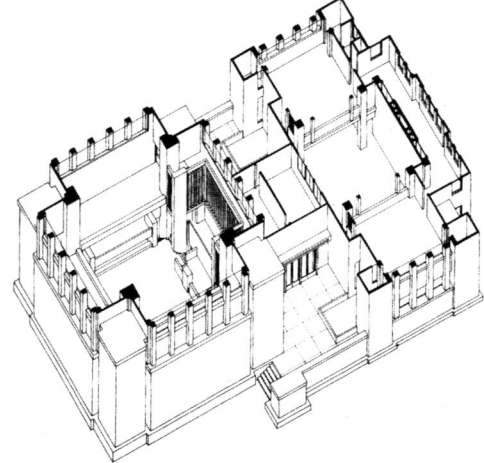

图 5-3　团结教堂剖轴测图

architecture）而工作，创造了一种独一无二的哲学和形式法则的整合，这赋予了他自信和伟大（confidence and wonder）[1]。

　　总体上，团结教堂由明确的三部分体量组成，一端是被赖特称为"团结教堂"（Unity Temple）的方形礼拜堂，与之相对的是一个矩形的被赖特称为"团结房间"（Unity Rooms）的教室和服务部分，两者之间是作为门厅的连接体。三者间的清晰分野保证了它们对彼此完美建构带来的损害最小（图 5-2，图 5-3），而笔者将以其中最为隆重的"团结教堂"部分为例来分析其中蕴含的建造秩序法则。

　　要正确理解团结教堂总体的建造秩序法则，就必须先剥离那些匍匐在室内壁面上的、像蛋糕上奶油花饰一样纷繁复杂的木质线脚，从而将其肌体清晰地呈现出来，虽然，那些装饰线脚中也蕴含着丰富的几何规则，但却是宏观建造法则之下的次一级线索，正如赖特在 1912 年对团结教堂进行回顾时写到的那样："几何是语法（the grammar），应该说是形式的语法。它（几何）是它（形式）的建筑法则（Architectural Principle）。"他接着说道：

---

1. Robert McCarter.On and by Frank Lloyd Wright：A Primer on Architectural Principles.Phaidon, 2005：18.

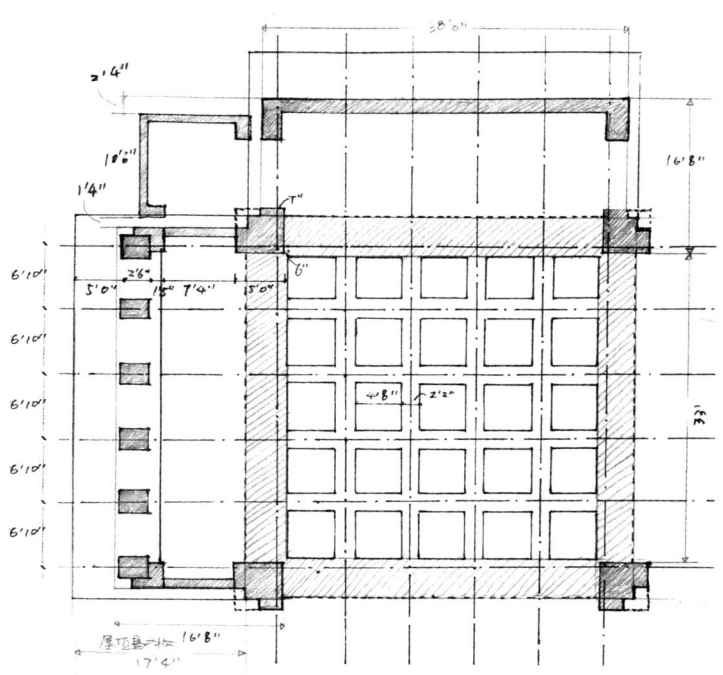

图 5-4　团结教堂几何尺寸分析图（笔者绘制、整理）

"规则不是发明创造出来的，它们不是被一个人或一个时代发展出来的。"[1]

　　笔者在以玛丁住宅为例来分析草原住宅在单体建构中的几何法则时，呈现了其中两种相互关联又自成一体的几何建构体系，其一是控制门窗等木构填充元素建构的匀质网格体系，其二是掌控结构体系、形式空间划分，并直指砖作的"井栓"体系。并在讨论"美国风"住宅时，对这两种体系与"材料－建构层次"的对应关联及两者的"协调"共存做出了论述。而这两种体系在团结教堂中仍然有效，且相比于其在草原住宅中的松散、灵活、隐讳和矛盾，它们在团结教堂中要明确清晰得多，几乎以一种公式化的面貌贯穿在主体的"团结教堂"中。

　　匀质网格可以从其顶棚的密肋"井格梁"（图 5-4，图 5-5）中清晰地读出来。在玛丁住宅中，这一匀质网格只被室内吊顶上"逻辑相似性"的

1. Robert McCarter.Frank _loyd Wright.Phaidon, 1997：22.

装饰线脚勾勒出来,而在这里,这种"认证"关系更进一步,因为表征它的不仅是"逻辑相似"的装饰条带,而是更加真实的结构梁,而且在草原住宅中,这种匀质网格通常只沿一个方向伸展,而在这里,它同时控制了直角相交的两个方向的匀质建构,真正地成了匀质"网格"。具体说来,这一网格的轴线间距是6尺10寸,由它定位的"井格梁"的宽度是2尺2寸,因而两根梁间的净距是4尺8寸,即密肋梁间的一个个采光口的平面是4尺8寸的见方,网格在每个方向上有5格,因而两个方向交叠共形成25个采光口(图5-6)。

就像在玛丁住宅中,这一匀质网格最直接操控的建构元素是门窗框等立面填充要素一样。在团结教堂中,它也控制了立

图5-5 团结教堂内部透视图

图5-6 团结教堂内部透视图

面上杆状要素的建构定位，只是在这里，这些要素不再是木构的门窗框，而是每个立面上那六根最为突出的、与其背后玻璃窗相脱离的"柱式"，它们成了匀质网格在每一面上的"轴线端头"（图5-7~图5-9）。在这里，匀质网格已经脱离了它本质的"材料关联"，因为混凝土统一了砖和木的分裂；也在很大程度上剥夺了"建构层次关联"，因为那些"柱式"并非真正的窗框，而更多的是一种抽象的形式层次。因此，就这些柱式而言，这一几何体系

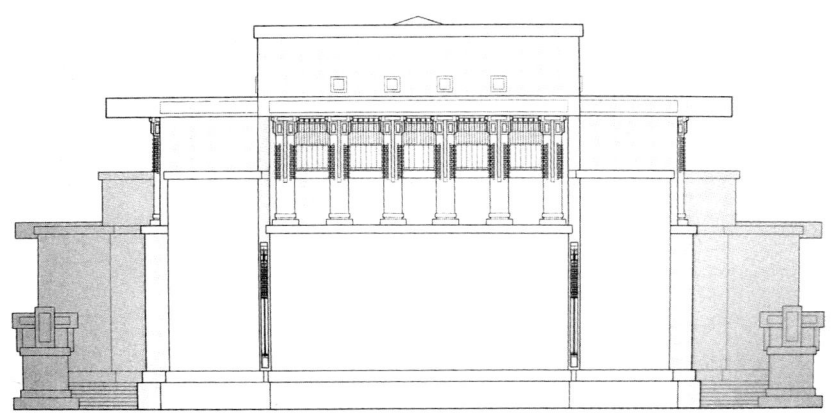

图5-7 团结教堂北立面图

图5-8 团结教堂柱头细部

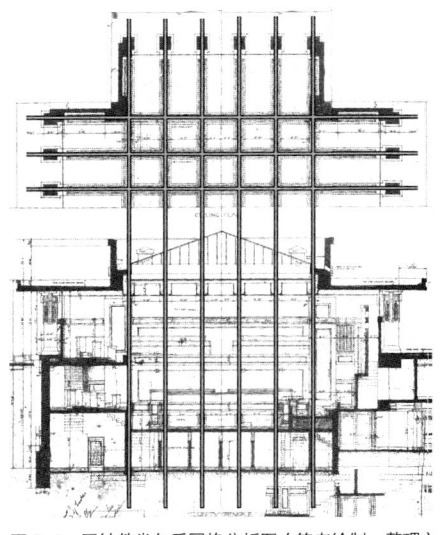

图5-9 团结教堂匀质网格分析图（笔者绘制、整理）

161

已经"上升"为一种"规则的教条"。

控制总体空间构成之"井格"体系的源头是礼拜堂中间那四根巨大的、同时作为设备管道的空心柱（图5-10），它们的平面是边长5尺的见方。"井格"的要旨蕴藏在它们的间距之中，柱与柱间的净距是33尺，这就意味着四个柱子向心顶点间的礼拜堂中心区域是一边长33尺的方形空间。而从这一方形的每一边到与之相对外墙外沿的距离是16尺8寸，这一宽度只比中心方形空间宽度的一半（16尺6寸）多出了两寸，这虽然不是众多赖特研究学者所说的严格的1∶2的关系，但却不影响我们通过将这一宽窄相间的空间间隔在两个方向上叠合成严谨的"井格"体系（图5-11）。这正是那种类似文艺复兴集中式教堂的、在一个方形中心空间周围围绕4个凹龛状附属空间（图5-12）的空间构成模式，而这全拜结构体系的"井格"秩序所赐。这也让我们联想起了玛丁住宅中的餐厅、阅览室以及被无奈分隔的厨房和接待室，它们由其四角"柱组"连缀而成的"井格"秩序及由此产生的空间划分与这里如出一辙？

就本体的结构秩序而言，这一"井格"体系也与赖特针对结构支撑的"悬挑"概念同构，即从屋顶的形式和支撑状况而言，四根大柱所支撑的整体

图5-10 团结教堂内的大柱

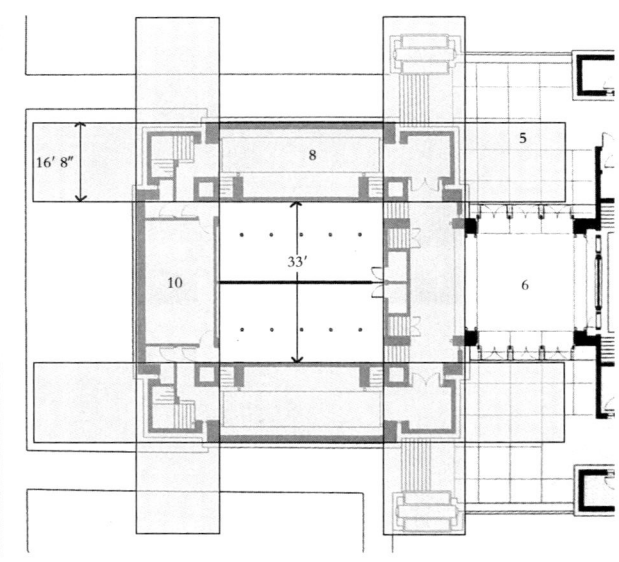

图5-11 团结教堂空间中的"井格"秩序分析图（笔者绘制、整理）

"十"字形屋顶在四个面上悬挑出去的部分与其中心的方形区域也形成一种"井格"关系（图5-13）。在玛丁住宅中，这种蕴含于支撑结构悬挑的"井格"秩序与空间构成的"井格"体系是游离错位的，而在团结教堂中，这两重"井格"体系却实现了同构对位，可以让我们更加清楚地将之从建筑中离析出来，这种统一后的清晰和明确也让建筑变得更加秩序井然。

在建立了整体宏观的秩序架构后，下一层次的建构要素被顺理成章地加入，中心空间四周的"楼座"和"圣坛"被以相同方式"嵌入"柱子之间的凹龛中。核心体量四角的4个10尺6寸见方的筒体中暗含了楼梯等辅助设施，它们规则地依靠在四个角落上，通过一条凹缝与"十"字形的主体脱开，在达成了赖特对"角墩"（图5-14）形式诉求的同时，精确地标明了两者在形式和建构上的独立区分。教堂主体与门厅在空间上的连通是通过在主体一面外墙上开洞的方式而实现的，洞口之上由一个巨大的过梁承托（图5-15），而这一洞口对于主体建构的破坏是最小的，赖特简洁地完成了不同体量和单元的对接。

那么团结教堂的建构在这样两种经典几何秩序的操控下是否真就毫无疑窦且无懈可击了呢？事实并非如此，真正的情形是这两种几何体系在赋

图5-12　团结教堂内的凹龛空间透视图

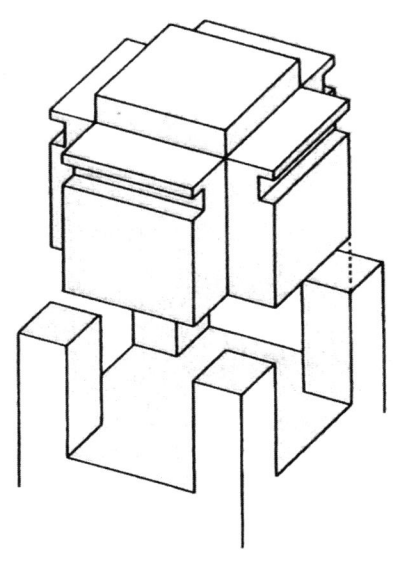

图5-13　团结教堂悬挑屋顶与角墩轴测分析图

图 5-14　团结教堂"十"字悬挑屋顶与角墩透视图

图 5-15　团结教堂门厅透视图（可见洞口上的大过梁）

图 5-16 团结教堂侵入井格梁的柱头及其上匍匐的线脚细节

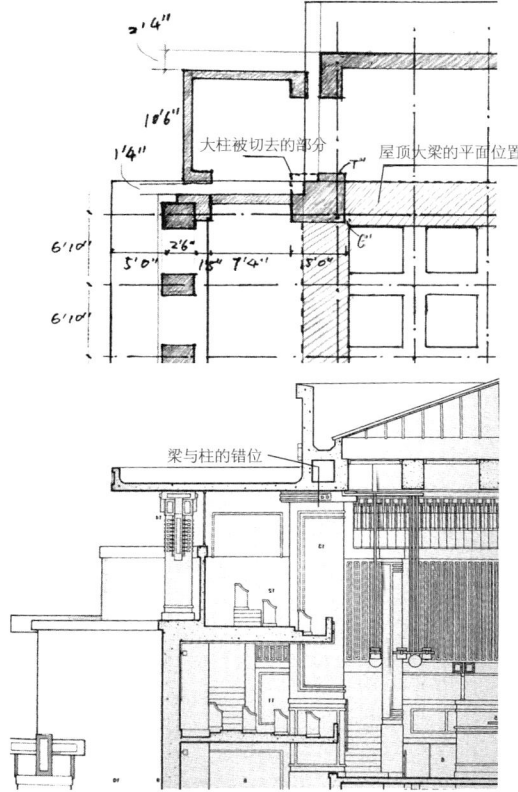

图 5-17 团结教堂柱头处平剖面对位分析图（可见两种几何体系在微观处的错位）（笔者绘制、整理）

予其总体建构以清晰秩序的同时，也给它的细部建构带来了丝丝疑虑，而其症结正在于这两种几何体系整合上的不易。

这种矛盾最突出的爆发点是四根大柱与顶棚的交接节点，在这里，作为柱头的平板突兀地侵入了"井格梁"围成的方形采光口中（图 5-16），即便是常人也会对这一节点感到不解。两种不同几何体系控制的建构要素在这里碰撞、汇聚，并产生了对位上的矛盾，赖特的策略显然是放任自流，碰撞了又怎么样？矛盾了又如何？只要各自完整清晰、泾渭分明的矛盾又何尝不是一种完美的自白？在这里，密肋梁上勾勒"井格"体系的木制装饰线脚折返到了柱头之上，盘旋一圈后又与另一个方向上的"井格"线脚对接，赖特津津有味地演绎着这种冲撞。从两种几何体系的具体数值来讲，两者冲撞的根源在于：大柱间的净距是 33 尺，而 5 格匀质网格的宽度是 34 尺 2 寸，这就说明匀质网格的最边上一根轴线将侵入柱子边沿 7 寸宽，显然，两种体系在大致对位的情况下，其微观细节并未意图严密整合（图 5-17）。

如果说这一冲突节点在赖特的巧妙粉饰下反而变得精彩迷幻的话，那么在一些常人无法看到的节点处，由这种几何体系对位矛盾所导致的相关建构元素的畸变就不那么易于被接受了。首先，位于四根大柱之上的、作为屋顶主要结构支撑的、剖面呈方形4根巨型空心梁框为了与最边上一榀"井格梁"融合对位，其内沿被迫从大柱的内侧界面向内收进了6寸宽的距离，而其外侧边界也从大柱的外侧界面向内缩进了1尺2寸，这一移位在使这一方形梁框与大柱产生"偏心"受力关系的同时，也使与它对位的"十"字形屋顶两肢交叉的阴角顶点与大柱的外侧顶点无法对位，即大屋顶的"井格""十"字形由于受到了匀质"井格梁"位置的"牵扯"与由大柱和底层空间划分所形成的"井格"体系间产生了微妙的错位。而这种错位所导致的最直接的恶果就是大柱在伸出四个"角墩"的屋顶后，旋即被切去了其外侧顶点两边的"L"形区域，以迎合屋顶所规限的"井格""十"字形状，这使原本方形的大柱在这一区间沦落为一种不伦不类的异形（图5-18），建构的真实刻度并没有像室内柱头与顶棚的交接那样得到坚持，而是趋从于形式的表面完型。

另外，与上述被"蚕食"大柱在外侧对位的、用以围合四面凹龛的侧墙在从屋顶外沿向内缩进了1尺4寸后仍无法与其端头由匀质网格控制的"柱式"产生良好的对位关系，只是悄无声息地包在了柱式的外沿，而其与柱式相交的内侧端头被刻意放大，以与大柱的室内一角在这一局部构成几何形状上的对称关联。

至此，匀质网格和"井格"体系在团结教堂中强势、清晰的呈现及其对宏观建构要素和空间形式的精湛掌控以及两者间无法严密整合并由此带来微观处建构要素的错位矛盾已清晰呈现。而赖特在室内外的两个冲突节点间巧妙周旋，采用在内部"强化"冲突，在外部"断臂求全"的不同应对策略似乎也无可厚非，毕竟瑕不掩瑜，对常人而言，笔者以上揭示的种

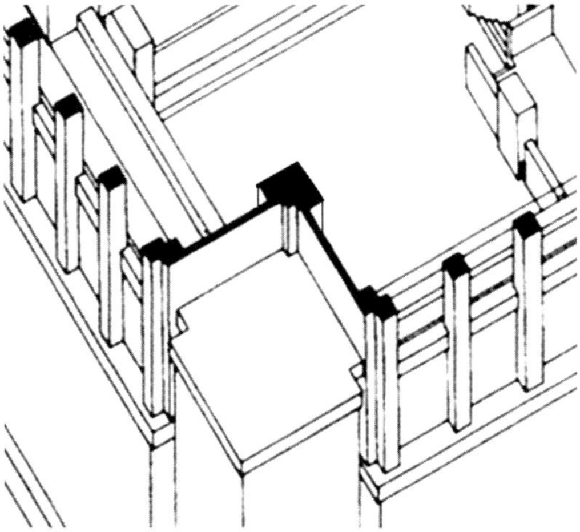

图5-18　团结教堂大柱伸出屋顶后的角部切削异变（笔者整理）

种细枝末节上的缺陷又何尝不是一种吹毛求疵呢？但无论如何，我们必须承认赖特还没有找到一种宏观的策略"一劳永逸"地整合两者的纷争，而上述的种种处理只能算作亡羊补牢的"雕虫小技"。

那么，这两种几何体系间的矛盾是否真就是不可调和的呢？如果可以，又当如何调和？事实上，要全面地、自上而下地找到两者的融合之道并非易事，赖特在草原住宅和团结教堂中的"挣扎"以及在"美国风"住宅中的"放弃"已在很大程度上证明了这一点。然而，令笔者振奋的一个发现是，无论赖特自己是否已经意识到了，在团结教堂之前的一个方案中，他起码已经邂逅了可以完美融合两种几何体系的一种解决之道，那就是赖特从1892年开始设计的林肯中心（Abraham Lincoln Center）。

从匀质体系中析出"井格"体系的林肯中心

林肯中心中间两层通高的会堂部分可以被理解为团结教堂的先声，这一点从其室内透视中三面楼座和一面讲台的布局中就可以轻易的读出。从会堂的平面图（图5-19）中可以看出匀质网格在这里成为建构的主导，建筑周边一圈柱廊的组构中蕴藏了匀质网格的全部特征和线索。在宽度上，整个建筑由14格网格构成，进深上则由9格构成。柱廊内侧的一圈柱子以及表皮上每面中间部分用于立面表现的"柱式"全由网格的交点定位生成，这一切都与团结教堂如出一辙。

那么，林肯中心的"井格"秩序蕴藏在哪呢？答案暗藏在它的顶棚和建筑中央与团结教堂类似的4个大柱墩中。从顶棚来看，其垂吊部分是由周边的一圈环廊及中心4个大柱墩间的连缀部分共同构成的"目"字形（图5-20），而这简直与玛丁住宅中"餐厅—起居室—阅览室"一肢的顶棚秩序如出一辙，只是这里的呈现比玛丁住宅中更严谨、更明确，而这一目字形的吊顶在玛丁住宅中不正是由"井格"秩序所衍生的吗？由彼及此，我们就不难从林肯中心强大的匀质网格中离析出这一"井格"秩序了。而且从剖面上梁的分布来看，这一"井格"秩序也直指建筑整体的结构体系，这赋予了它强大的本体意义（图5-21，图5-22）。

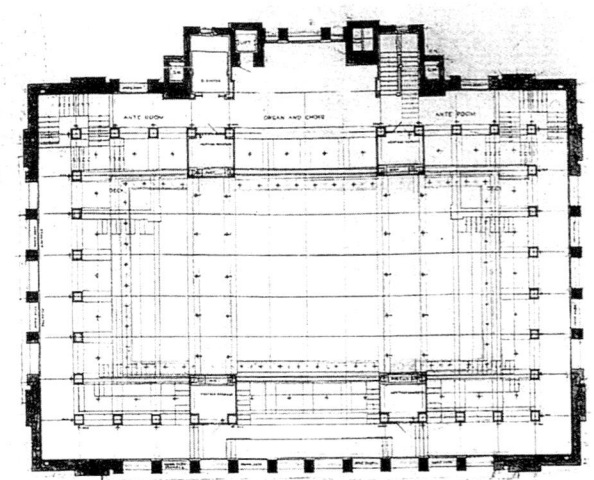

图 5-19　林肯中心会堂平面图

图 5-20　林肯中心会堂剖透视图

　　更加令人惊奇的奥义在于：这一"井格"体系与前述的匀质网格体系是相互叠合的，即"井格"体系是通过将匀质网格中的一些小柱连缀起来进而从前者中离析出来的，是匀质网格的上层浮现。例如，建筑中的四个大柱墩就是由匀质网格操控下的 4 个小柱连缀而成的。由此可以保证它不会像在团结教堂中那样与匀质网格操控的体系要素发生矛盾，从而使两者可以协调共存、并行不悖。建筑外围的 4 个转角如同赖特一贯所秉持的那样被强化出来，它们同样是通过将每一面最边上的 3 根柱子吞并连缀而成的，即它们也被严谨地纳入了匀质网格的操控，而其表面上宽大的"壁柱"只是为达成立面形式秩序的装饰附庸而已（图 5-23）。

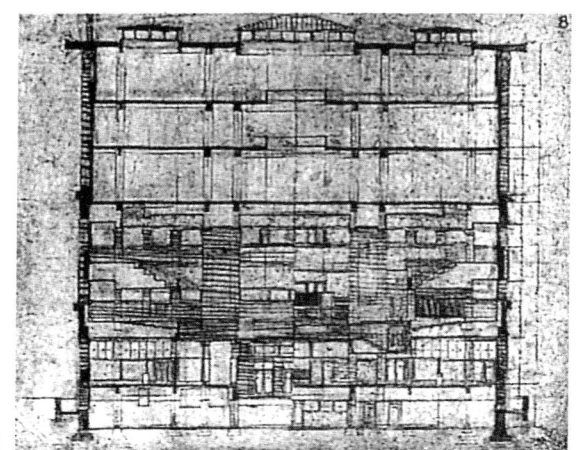

图 5-21 林肯中心剖面图

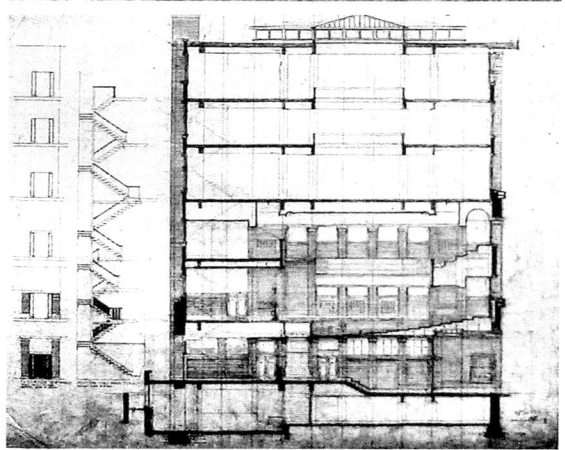

图 5-22 林肯中心剖面图

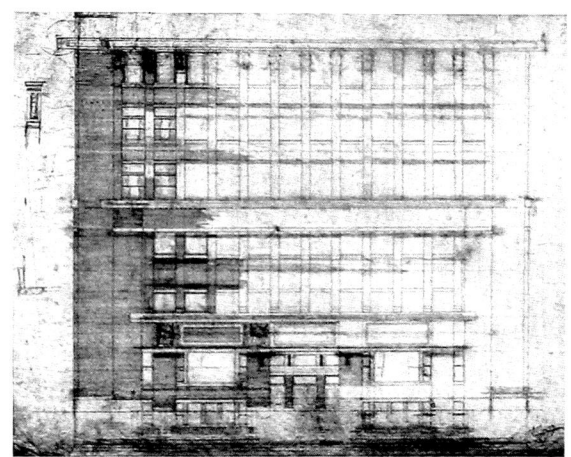

图 5-23 林肯中心立面图

而赖特之所以能在 30 岁的时候就可以驾轻就熟地掌控这样的建构体系，应该全拜古典建筑法则的熏陶。赖特曾明确地宣称："我深思熟虑地选择与传统决裂，其目的在于要比我们现在在建筑中所应允的（对待传统的）习惯和理念更真实的对待传统。"[1] 赖特选择与之决裂的是当时盛行的"鲍扎"体系建筑师对古典式样和风格的肤浅模仿，而他更真实地对待传统正是要发现蕴藏在表面式样和风格之下的亘古不变的伟大法则。而正是这种对完美古典建筑法则更加切中要害和灵活的运用确保了林肯中心比它的后来者更加完美。

相同法则不同组合的拉金大厦

与草原住宅相伴的、赖特的另一个著名的公共建筑是设计建造于 1904~1908 年的拉金大厦（Larkin Company Administration Building）（图 5-24，图 5-25），它的整体建构法则及其中蕴含的微观矛盾与团结教堂类似。只是在这里，法则的运用因为矩形平面的采用和建筑尺度的巨大而更加复杂，也不像前者那么中规中矩。

矩形平面中段的办公部分可以理解成是由 7 格沿单一方向铺陈的匀质网格操控建构的结果，与团结教堂一样，网格轴线的终端直指立面长边窗间的壁柱，在内部，它操控了中庭两侧纵贯建筑全高的壁柱的定位。而在建筑长向上，它的作用则没有那么强势，我们最多只能认为是它将办公部分分成了中庭及其两侧的办公楼面而已，而这一"间隔"在本质上其实是拜"井格"所赐。

图 5-24　拉金大厦透视图

---

1. Robert McCarter.On and by Frank Lloyd Wright：A Primer on Architectural Principles.Phaidon, 2005.

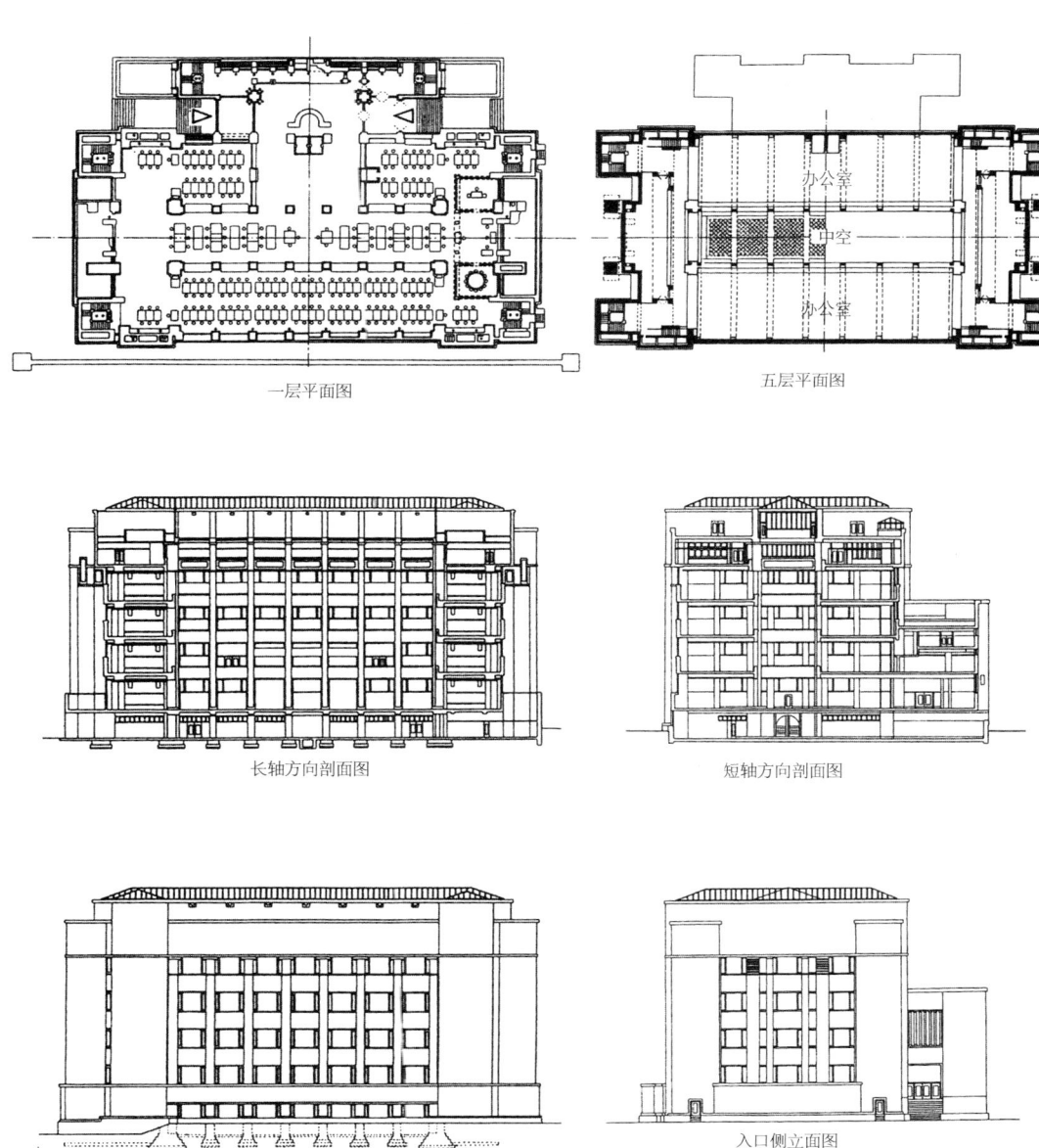

一层平面图

五层平面图

长轴方向剖面图

短轴方向剖面图

立面图

入口侧立面图

图 5-25 拉金大厦平、立、剖面图

图 5-26　拉金大厦办公楼面局部透视图（可见异形大柱墩及其对位等宽大梁）

　　这种更加宏观的"井格"秩序如同团结教堂一样蕴藏于中庭四角的四个庞大的异形柱墩中。与其说它们是一个个独立的柱墩，还不如说是几个柱墩的组合，即它的平面形状是两种几何体系建构元素——"井格"大柱和匀质壁柱——在交汇点碰撞融合的结果，其朝向中心办公区一面上的凸出部分是半个由匀质网格控制的"中庭"壁柱，它在延续了中庭壁柱的同时，也标志着这一体系在这里的戛然而止，而它在另外三个方向的凸出则揭示了宏观"井格"体系的存在，这三面凸出部分通过赖特精心刻画的、几乎与柱等宽的大梁与建筑外墙上的柱墩相连，它们共同标识了结构"井格"体系的存在（图 5-26）。其中建筑长边外墙上的柱墩后退于外墙之内，以便使与其错位连缀的立面最边上的一根由匀质网格控制的壁柱可以完整地呈现出来，这一节点如同中庭四角的四根柱墩一样，再一次将两种几何体系控制的建构要素之间既冲突却又清晰并置的复杂关系呈现了出来（图 5-27，图 5-28）；建筑短边立面上的柱墩不但被拉长，而且还通过立面上的两根装饰性的壁柱被"逻辑相似"地强化着（图 5-29）。

　　就像团结教堂中由 4 个大柱所规限的整体空间结构的"井格"体系与屋顶外部形体的"井格"形式产生了微妙的错位那样，拉金大厦由柱墩和大梁所演绎的结构"井格"关系与外在由屋顶和体量形成的这种关系间也存在着一定程度的游移和非对位。这一屋顶体量的"井格"形式是在抛离

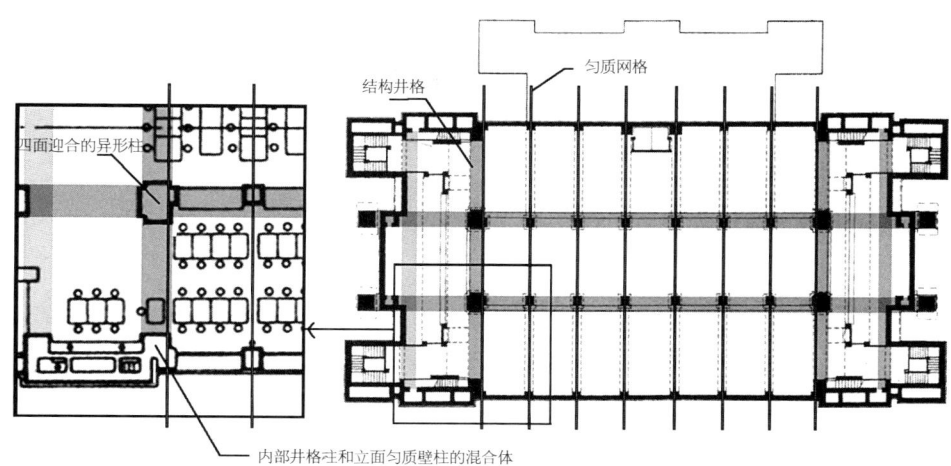

图 5-27 拉金大厦平面建造秩序分析图（笔者绘制、整理）

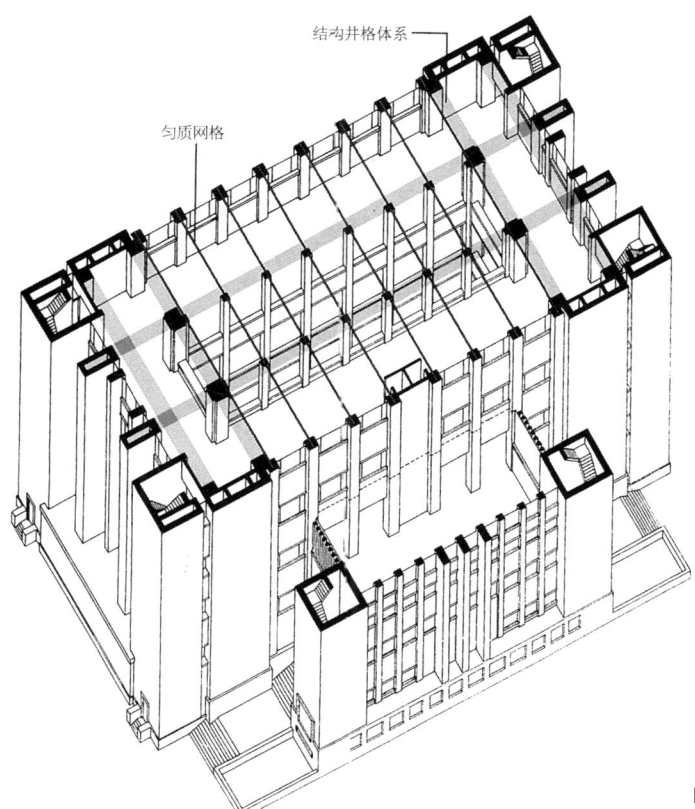

图 5-28 拉金大厦剖轴测几何分析图（笔者绘制、整理）

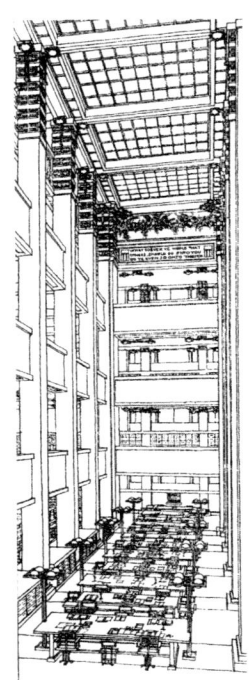

图5-29 拉金大厦透视图（可见装饰柱墩）   图5-30 拉金大厦中庭透视

了建筑四角的四个作为楼梯间的角墩和中段办公楼面后在建筑两端剩下的两个"T"字形区域和连接它们的办公区中庭部分（图5-30）组成的"工"字形。这一"工"字形部分的屋顶被从主体中拔出并连缀成一体（图5-31）。但由于这一"工"字形体量两翼的宽度与侧立面"壁饰"对位，则必然与结构"井格"略微错位。在这里，结构和外部形式体量双重"井格"体系间"宏观关联和微观错位"的复杂关系比起团结教堂来可谓有过之而无不及（图5-32）。

　　建筑中最后一个层次的"建构–构成"要素就是建筑角部的那4个"角墩"了，它们自身的建构及其与主体的逻辑关系与团结教堂中的角墩无异，在此不再赘述。另外，建筑中的设备系统也被纳入了那些庞大的柱墩及梁中（图5-33），即设备体系被完美地"砌入"了结构体系中，这种结构容纳设备的整体建构逻辑也体现在玛丁住宅的那一个个暗藏暖气设备的"柱组"中，再次让我们联想起康的相同做法。

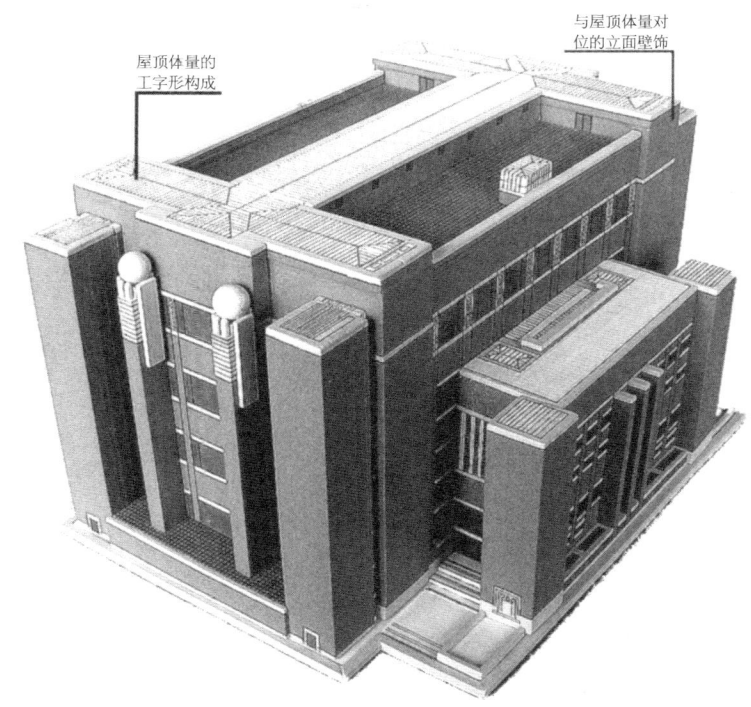

图 5-31 拉金大厦屋顶体量"井格"呈现（笔者整理）

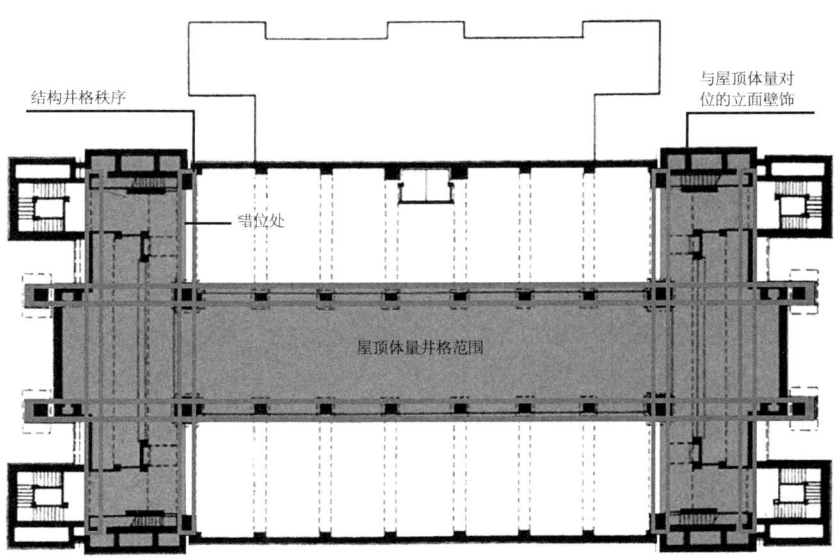

图 5-32 拉金大厦结构"井格'和屋顶体量"井格"体系的错位分析图（笔者绘制、整理）

综上所述，拉金大厦在两种建造秩序体系的操控下几乎被离析成两个建筑的穿插组合，匀质网格规限的办公楼面居于中部，而"井格"体系塑造的端部和"工"字形采光顶左右蹲踞并凌驾于前者之上。在建构形式上，前者呈现为框架，而后者表现为实体。两者并行不悖却又浑然一体，相比于团结教堂中两种体系的纠缠不清，这里的区分度显然更高。

从上面的分析可以看出，拉金大厦与团结教堂运用的几何建构法则在本质上是完全一致的，只是法则的排列组合和衍生层次不同，并由此产生了外在形式和尺度的区别，即拉金大厦只是团结教堂的一个复杂变体而已。这又一次让我们想起了赖特"用极少几条法则去建构丰富多彩世界"的先验论哲学根基。建筑功能、规模差异等外在客观因素可

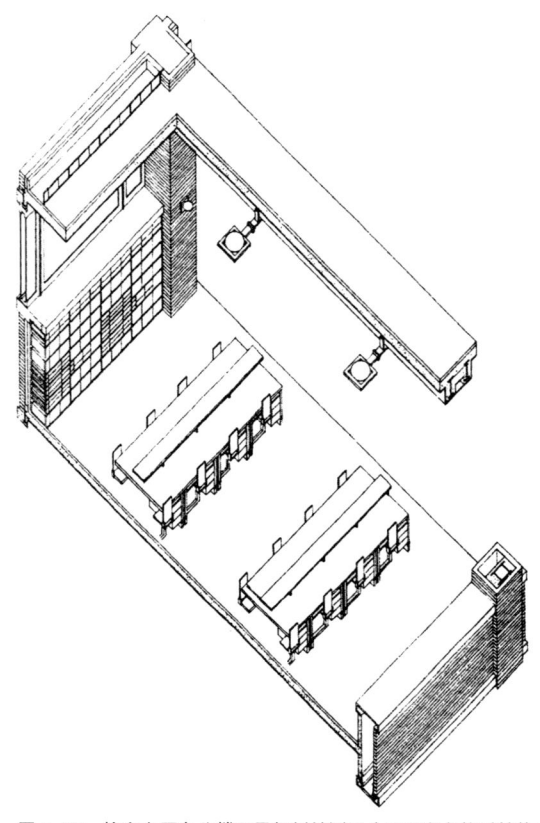

图 5-33　拉金大厦办公楼面局部剖轴测图（可见空心柱对结构和设备的共同包容）

以导致法则的不同组合，但却永远无法改变法则本身，相反，正是后者的强大将那些世俗的琐碎从容地摆布于股掌之间。

相比于大量性的住宅而言，赖特在草原住宅时期的公共建筑由于功能的单一整合，其内在的几何建构法则更为严谨、清晰。通过它们的实践，赖特的兴趣逐渐远离了草原住宅早期对形体组合丰富性的形式化追求，更多地集中到对单个结构整体清晰的建构塑造上。这使得草原住宅的整体构成在后期逐渐转变为在中心主体周围连缀一些无关痛痒的、只为丰富形式的小体量的形体组合，形式化的坡屋顶也渐渐被摒弃，在由两种几何体系操控的更为本体的结构要素，例如壁柱、梁和柱墩等成为表现主体之后，那些"逻辑相似"的装饰线脚也逐渐被剔除，皮与骨不

再是两分的组织，而变成了更加健康的完整肌体，最终，所有那些更多地是出于形式化诉求的要素和机制统统被赖特抛弃，而以之为鲜明特色的草原住宅也就此退出了历史舞台，而这些公共建筑正是赖特从草原式向其后期建筑蜕变的催化剂。

而从混凝土块系列住宅开始，赖特建筑中的结构要素就被彻底地暴露出来或者说表面即结构。这种转变不能不说是赖特向更为本体之建筑意义的一种靠拢和进步。而匀质和"井格"体系间及涉指结构和空间的两重"井格"体系间的分裂和矛盾也被由混凝土块所衍生出来的、更加细密的、基于同一材料建构的几何网格体系所淹没和化解。但不知这是一种巧合还是赖特已经明确地意识到了其中的奥义。

赖特晚年公共建筑的"形式秩序"

正如笔者在分析"美国风"住宅时所揭示的那样，至迟在 20 世纪 30 年代晚期，一种基于六边形或三角形的几何形式诉求进入了赖特的建筑思想，当然，与之相伴的另一种特色更鲜明形式母题就是圆形，赖特还曾攀缘附会地将之与爱因斯坦联系起来，表明其不再受希腊空间限制而进入所谓的"爱因斯坦空间"。这些形式母题在很大程度上成了支配赖特晚年一系列公共建筑创作的主要出发点。这标志着赖特晚年的创作倾向从早期的"秩序的建造"向"秩序的形式"转变，即作为形式表现的几何逐渐超越了作为对建构进行控制的方法的几何成为赖特更为关注的焦点。但正因为有了前一种"秩序的建造"的强大方法和规则作为基础和保障，才使得赖特后期的这些"秩序的形式"作品没有流变成无厘头的、给建构带来损害的抽象雕塑，即柯布西耶式白色派时期的"非秩序的形式"。两者的区别在于：由于受到了作为方法和规则的几何秩序规限，前者外在几何形式所具有的精确性、逻辑性和由此产生的建构合理性是后者所不具备的，而这正是赖特通过之前"秩序的建造"实践所积累和练就的高超本领。

如果说六边形的母题对于住宅而言显得过于矫揉造作、且对功能及建构带来了一定程度曲解的话，那么将之运用至大尺度且功能组织相对整体的公共建筑则恰当得多。赖特第一次将这一母题运用于公共建筑是在1941年南佛罗里达学院的珀菲佛尔小教堂（Ann Pfeiffer Chapel）（图5-34）中，它是赖特于1938年开始规划的南佛罗里达学院（Florida Southern College）（图5-35）中的标志性建筑。这一建筑在外部形象上呈现出强烈的几何雕塑特征，白色的平坦表面在佛罗里达南部强烈日光的照耀下更显棱角分明（图5-36）。主体的六边形体块被底层砌块墙体撑起，漂浮于空中，其顶部和两端则连缀着一系列次一级的矩形体块和挑檐板片。

图5-34 珀菲佛尔小教堂透视图

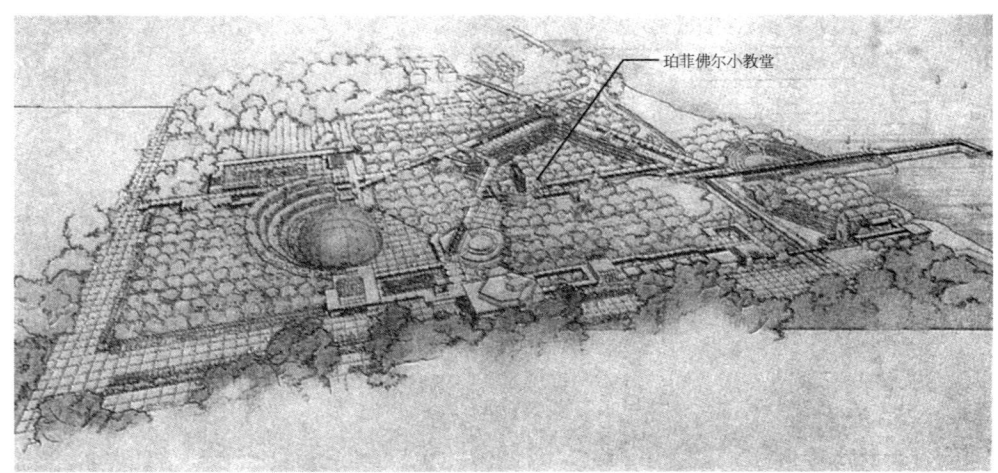

图5-35 南佛罗里达学院校园鸟瞰图

图 5-36 珀菲佛尔小教堂透视图

虽然这一建筑的外部形式已面目全非,但从其平面组织来看,三面楼座、一面圣坛、角部楼梯的空间秩序仍可让我们追忆起 37 年前的团结教堂。而这只是两者亲缘关系的一种表面呈现而已,其深层的内在关联是两者在宏观组构秩序上的一致,即如果将建筑视为肌体的话,那么两者的骨骼经脉是一致的,不同只在皮肉。

两者内在秩序最为一致的部分表现在主体空间四隅的 4 个擎天巨柱上,它们可被视为整个肌体组织中最为重要的脊柱,为建筑规限了总体秩序,在此基础上,团结教堂的皮肉仍旧方方整整地生长开来,而波菲佛尔小教堂则长成了六边形,而这恰好诠释了混凝土的可塑性,因为混凝土在结构悬挑出去之后是完全可以随心所欲的,它是给几何塑形以建构支持的最好材料(图 5-37)。

在珀菲佛尔小教堂中,控制形体塑造的方法和规则仍是一种匀质网格。但它与赖特在草原住宅和"美国风"住宅中控制木构杆件建构和在混凝土块体系中控制砌块建构的匀质体系内理不同,这里的匀质网格控制的是作为形式的几何体量和空间的边界,即如果前一种几何方法可以定义为"为达成建构的几何秩序"的话,那么后一种则可定义为"为达成形式的几何秩序"。具体到玻菲佛尔小教堂中,最明显的例证仍是那

图 5-37　珀菲佛尔小教堂平、剖面图

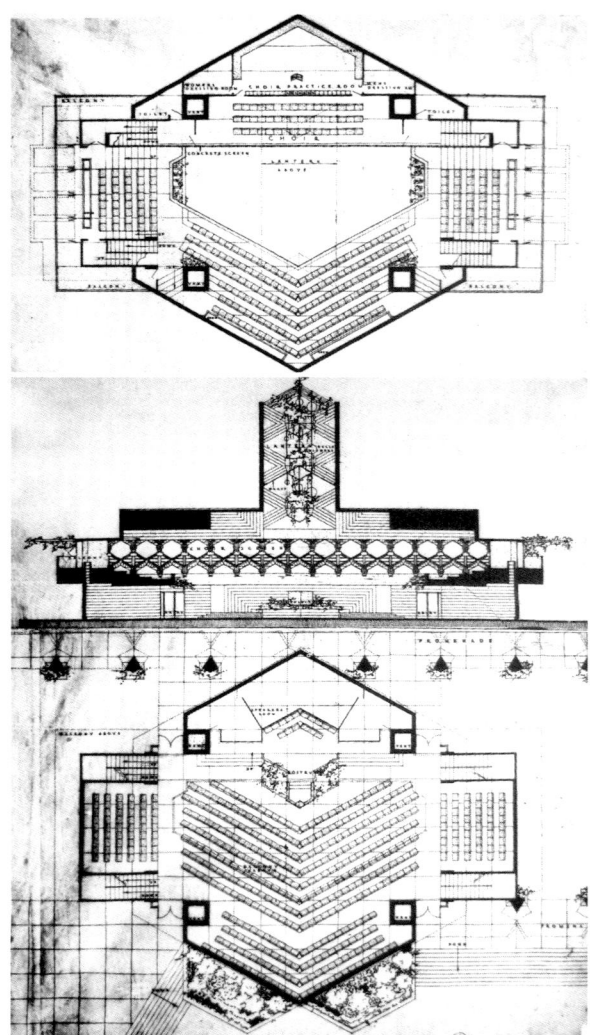

图 5-38　珀菲佛尔小教堂内景（可见角落处大柱）

4 根大柱（图 5-38），它们的平面分别占据了一个网格的区域，这就为其升起后的几何体量找到了明确的边界，而它们之间的净距在一个方向是 7 格，另一个方向是 6 格，这样空间的界限也具备了；二层主体六边形体量的两侧边也被匀质网格线严格界定，其宽度刚好是 13 个网格；底层贴附在主体六边形体量两侧的、包含了楼座和楼梯间的、由混凝土砌块砌出的矩形体量在平面内占据了 4×6 个网格区域；从这一体块边沿再向外扩充一个网格就构成了这一体量在二层挑台的外沿，其上挑檐则继续向外延伸半格到一格；最后，4 根大柱外围界限所框定的 8×9 格区域限定了伸出六边形体量顶面的"申"字形体量的中心矩形（图 5-39，图 5-40），而"申"字形中轴两端则继续延伸 2.5 格，宽 4 格。

除此之外，建筑中的诸多细部的形式建构和体量定位也受到了这一匀质网格的操控。例如，建筑二层用于分隔唱诗班和教堂大厅的装饰性屏风的单元长度及定位就受到了匀质网格的严格规限（图 5-41）；再者，室内 6 级楼梯踏步抑或是 4 级楼座台阶的宽度均严格对位于一个匀质网格也是极

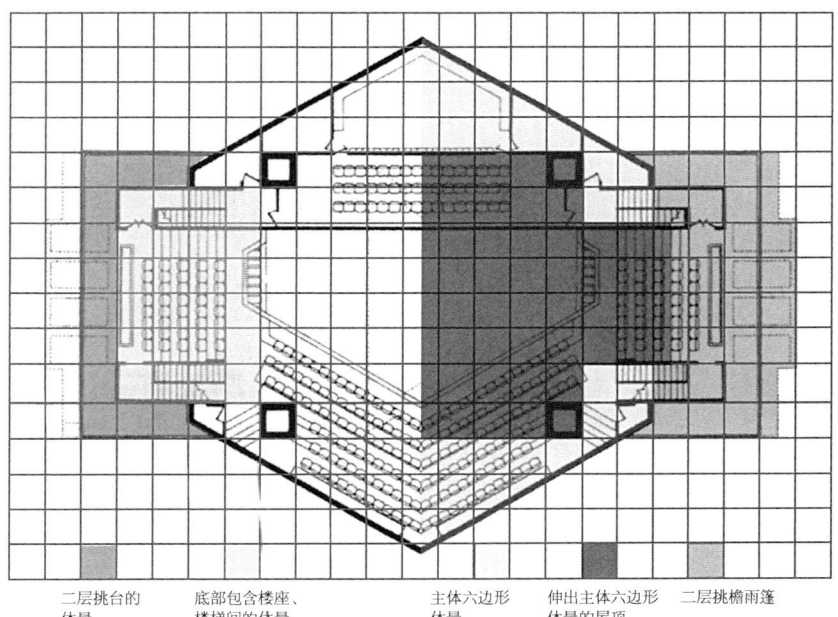

二层挑台的　　底部包含楼座、　　　　　　　主体六边形　　伸出主体六边形　　二层挑檐雨篷
体量　　　　　楼梯间的体量　　　　　　　体量　　　　体量的屋顶

图 5-39 珀菲佛尔小教堂体量构成几何秩序分析图（笔者绘制、整理）

图 5-40　珀菲佛尔小教堂侧立面透视图

图 5-41　珀菲佛尔小教堂内景

好的例证。

然而，不得不承认，这一建筑形式的生成原则和方法其实已经超越了本文所讨论的范畴，即它已不再是"建造的秩序"，而可以被称为"形式的秩序"了，因而笔者对其细节不再赘述。值得一提的是，赖特在这一建筑中流露出的形式生成法则几乎与其后华裔建筑大师贝聿铭的建筑生成手法如出一辙，由此我们可以看出几何作为一种控制建构和形式生成的方法和观念在西方现代主义建筑大师中的传承。

与这一建筑一脉相承的另一个作品是赖特于同年设计的堪萨斯城教堂（Kansas City Community Church）（图5-42）。这一设计中的匀质网格从方形彻底变成了60度角的平行四边形，因而它对几何体量的控制更加适得其所、游刃有余。

赖特的这种基于三角形的形式化诉求在20世纪40年代进一步发展，逐渐从平面形态向三维形式过渡，终于在其职业生涯的晚期塑造了两座复杂的三维几何形式作品，其一是1949年的唯一神教派教堂（Unitarian Church）（图5-43~图5-45），另一个是1954年的贝斯·撒隆犹太会堂（Beth Shalom Synagogue）（图5-46，图5-47）。而这两个建筑的原型显然是赖特早在1926年设计的乌托邦式的、高达2100英尺的斯蒂尔大教堂（Steel Cathedral）（图5-48），由此可见，对于复杂三维几何形式的迷恋很早就进入了赖特的建筑意旨。而贝斯·撒隆犹太会堂简直就是斯蒂尔大教堂的孪生兄弟。整体上，它貌似复杂的外在形式实际源于三棱锥体，即四面金字塔，

图5-42 堪萨斯城教堂透视图

183

图 5-43　唯一神教派教堂鸟瞰图

图 5-44　唯一神教派教堂透视图

图 5-45　唯一神教派教堂室内

图 5-46 贝斯·撒隆犹太会堂透视图

图 5-47 贝斯·撒隆犹太会堂室内透视图

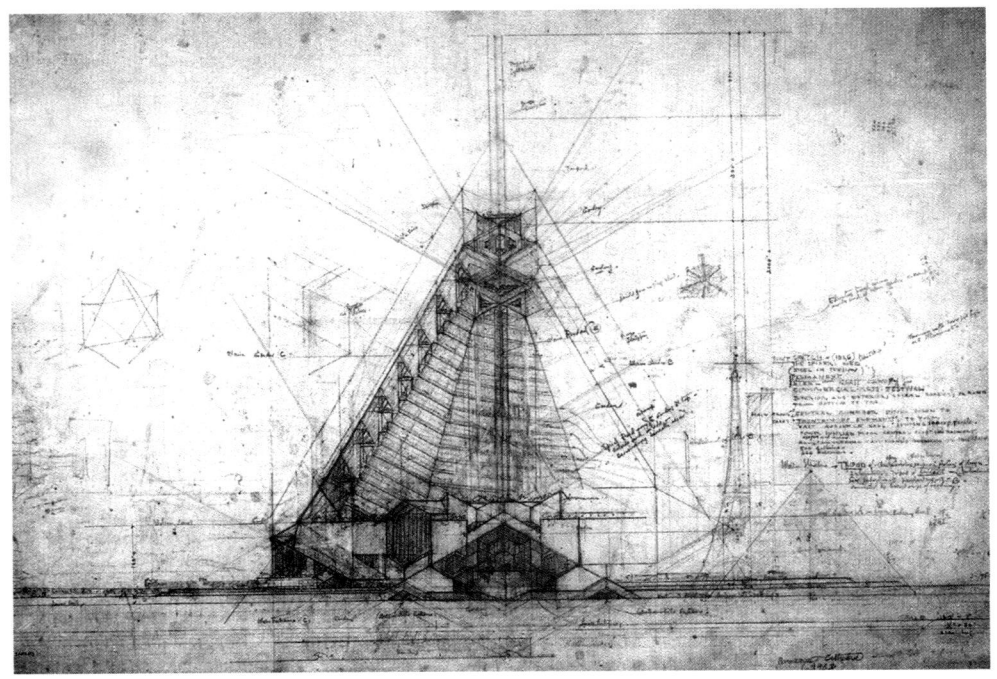

图5-48　斯蒂尔大教堂立面图

锥体的三根棱脊是建筑的结构主体，接下来的形式操作按规则进行，首先，每一三角形的锥面被赖特沿其中线对折隆起，再在其底边处嵌入一由"折板"涵盖的钝角三角形体块，使平面进一步扩出而接近正六边形，然后将上述体量坐落于同样复杂、但也同样按规则构成的底座上，最后加入正面的雨篷和大台阶等附属要素构成复杂多变的几何形体。接下来，每一折面上材料板块的形式—建构划分也遵循次一级的几何规则而逐步生成（图5-49，图5-50）。由此可见，其复杂多变的形式背后蕴藏着强大而简洁的形式生成法则，而这种法则的本质仍然是几何秩序，它从宏观到微观贯注到每个环节和细部，逐步地、逻辑地建构出复杂的整体。

至此，赖特以六边形、三角形等非直角形式为母题而开创之建筑体系的简单线索及其内在的几何生成规则已呈现出来。而对于赖特在职业生涯晚期由另一种强大形式母题——圆形——控制衍生的建筑体系的细节，笔者将不再赘述，这一体系作品的典型非1939年的约翰逊公司行政楼（ＳＣ

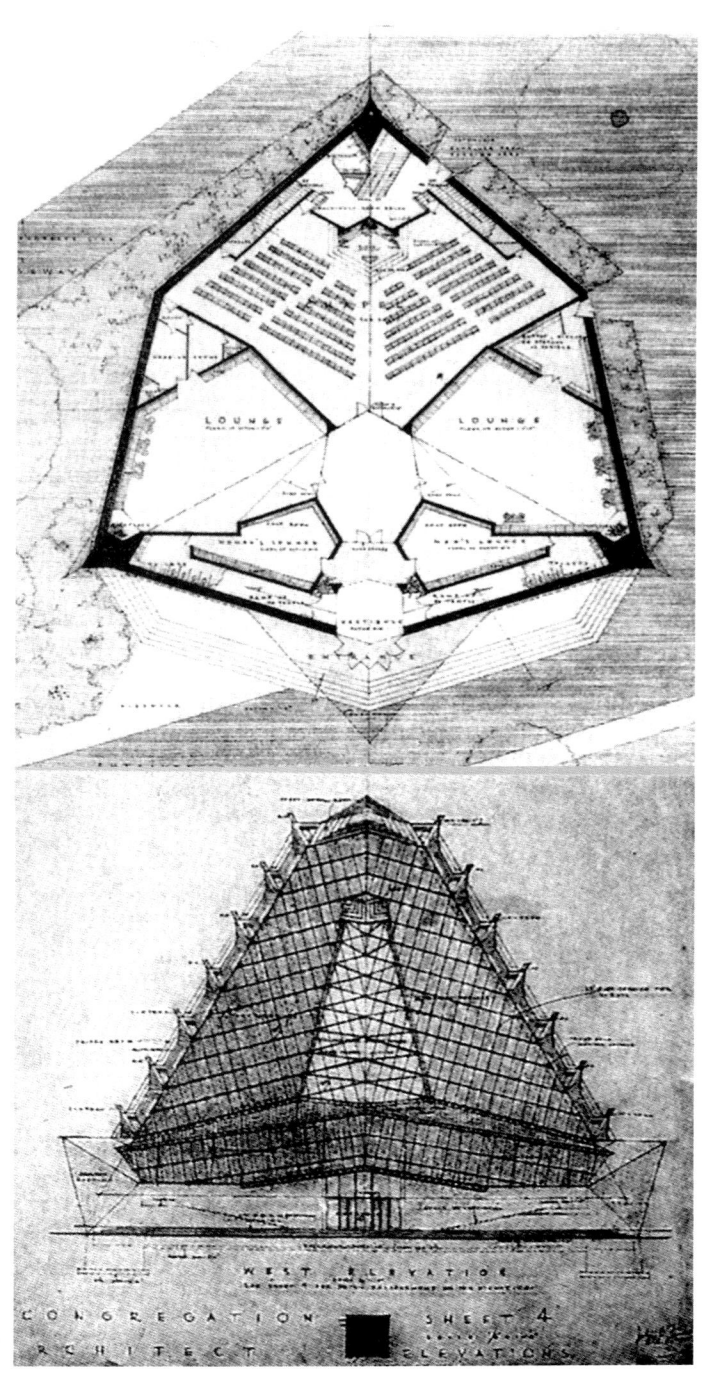

图 5-49 贝斯·撒隆犹太会堂平、
立面图

图 5-50　贝斯·撒隆犹太会堂透视图

Johnson Wax Administration Building and Research Tower）（图 5-51,图 5-52）
和 1959 年的古根海姆美术馆（Solomon R Guggenheim museum）（图 5-53,
图 5-54）莫属。正如笔者在前文一再重复的那样，这一系列作品的创作主
题也是作为形式的几何，同样，其外在的几何形式由于受到了内在几何规
则的精密操控而精巧无比。

　　但无论如何，这种对纯粹几何形式的追求还是在一定程度上对建筑的
建构及功能等基本要素带来了不可避免的损害，而这正是赖特晚年作品毁
誉参半的原因所在。本质上，这是赖特在达成了"秩序的建造"后向更高
层次进行探索和发掘过程中必然经历的曲折和阵痛。

图 5-51 约翰逊制蜡公司鸟瞰图

图 5-52 约翰逊制蜡公司行政楼门
厅透视图

图 5-53 古根海姆美术馆透视

图 5-54 古根海姆美术馆室内透视

结语：20 世纪的但丁

从 20 世纪初草原住宅的诞生到 20 世纪 60 年代以"秩序的形式"为特征的古根海姆，赖特将自己旺盛的创作精力保持了 60 年。不仅对于建筑师，而且对于所有从事创造性工作的人而言，这都是一个难以企及的奇迹。并且可以毫不夸张地说，在这 60 年间，他以一己之力开辟了现代建筑的半壁江山，而后来者只能在他开垦的沃土上按部就班的耕耘，很难再找到哪怕是一片荒芜，这使他有理由貌视所有的同行并永远走在时代的最前端。

相比于密斯和路易斯·I·康竭毕生精力专研于一类建造秩序体系，赖特几乎是在草原住宅成型的一夜间就同时驾驭了"匀质体系"和"井格"系统两种建构秩序，并将它们与本质的"材料本性"和"建构层次"相关联。他不断对两者进行巧妙的拆分、组合以创造丰富多彩的建筑世界。如果没有这种如同基因般的建筑法则作为原型和种子，很难想象赖特会以如此高的效率在 20 世纪的头二十年间设计建造那么多高品质的有机建筑。

赖特活跃的、富于开创性的思维特点让他并未像密斯那样拘泥于单一的类型或体系，在其后的建筑生涯中，他又顺应时代要求开创性地发明了混凝土块体系和"美国风"系列住宅。而它们的本质精髓仍是源于"材料本性"的几何建构秩序，其中前者应用了被赖特称为"单元系统"的、源于一个混凝土块的匀质网格体系，而后者在平面中应用了为木构框架量身定制的"轴线法则"（另一种匀质体系），在竖向上应用了源于"三明治"墙体预制建构模式的模数层叠体系。而两种体系具体应用中的复杂思辨和逻辑演绎又仿佛平地惊雷，精彩异常。赖特对建造秩序法则灵活多变、因"材"制宜、整体有序地运用恰是对"有机建筑"的最佳诠释。

在建筑生涯的晚年，在历经了近40年"秩序的建造"的洗礼后，赖特的创作主旨转向了以几何形式为主导的"秩序的形式"。但由于有了前者的强大方法和规则作为基础，赖特的这些"秩序的形式"作品在成为现代建筑中最为惊世骇俗形式标志的同时，并没有流变成无厘头的、给建构带来致命损害的抽象雕塑，从而给他的建筑生涯画上了非但圆满而且伟大的句号。

然而，如果我们以一种终极完美的要求来检视赖特建构体系的话，它们也并非毫无瑕疵。正如笔者在正文中所揭示的那样，在草原住宅时期，无论是在玛丁住宅、团结教堂还是拉金大厦中，赖特一直没用真正解决匀质体系和"井格"体系间及涉指结构和空间形式的两种"井格"体系间的分裂和矛盾。赖特似乎并不像密斯和康那样特别在意这种细枝末节的终极思辨，或者说，他根本就不认为这种微观的冲突和错位有什么问题。另外，"美国风"住宅的平面模数与竖向模数间也存在着分裂。

就此而言，赖特虽然开拓了丰富多彩的建造秩序体系，但在对它们进行精深、完美的刻画和完善上却是输于他的两位后来者的，尤其是以"少即是多"而著名的密斯·凡·德·罗。其根本症结在于：赖特建筑创造的主旨亦是丰富多彩的，他并没有像密斯或康那样极致的专注于秩序的建造，空间和形式的探索和突进始终是他首要的考量，而逻辑相似性的装饰系统也始终萦绕，而后者更使不明就里的评论家谨慎地将之与现在主义划清界限，例如菲利普·约翰逊将之誉为"19世纪最伟大的建筑师"但"现代建筑应更多地归功于密斯和柯布西耶"。但当我们剥离那些繁复的形式和装饰赘物呈现本体时，赖特开创的空间和建造秩序也足以让他站上现代主义的巅峰。正是这样面面俱到的建筑观让康将赖特喻为建筑领域的瓦格纳，因为后者的创作主旨正在于全面的"整体性艺术"。然而，也正是这样面面俱到的建筑策略让赖特的空间和秩序淹没于形式和装饰的沼泽，有时甚至被扭曲，建筑的复杂和矛盾由此可见一斑，而康和密斯则放弃了面面俱到，从而让建造和秩序独步天下。

即便如此，我们仍可毫不犹疑地说，赖特实现了雨果在百年前的预言，他的确成了 20 世纪建筑界的但丁，激荡了现代建筑，并足以让我们震惊。他用惊人的创造力开拓了前无古人的空间和形式，并用丰富多彩的秩序体系将之升华为伟大的建造，进而成为人类文明基石的恒久部分。他激荡世界并震惊我们的成就更在于其创造性的层出不穷，我们很难想象如此多的开创体系和惊人形式是一个人在他的一个生命周期内创造的。毫不夸张地说任何一个与赖特同时代的建筑师哪怕只有其 1/10 的成就已足以站上现代大师的地位，而赖特却几乎涉猎了所有，他的确是那种无畏不羁的天才。当我们为密斯、康和贝聿铭等后代大师所演绎的秩序、建造、形式和空间击节叫好时，猛然发现，其实那些精髓早在几十年前就已被赖特玩于股掌了，而这一切更被其有机建筑思想整合升华为哲学。

至此，笔者对于赖特建筑的一些粗浅解读可以暂告一段落，这也意味着笔者从"秩序与建造"视角对三位大师的研究可以暂时结束了。然而，在花了几年时间，用了几十万字和 800 多张图片对三位大师毕生的建构历程及其建造秩序进行了鞭辟入里的管窥锥指后，却发现在拨开了表象的层层玄机并将大师毕生的建构实践归根结底后得出的结论是如此简单。此时，大师们那些纷繁复杂、形式各异，甚至是神秘莫测的建筑作品统统化作了两种极为简单的基本几何秩序——"匀质体系"和"井格"体系或"间隔系统"。这曾使笔者感到些许失落，但很快便又彻悟过来，世上一切复杂事物在归根结底后均化为最简单的大道，爱因斯坦的广义相对论最终化为 $E=MC^2$，即能量等于质量乘以光速的平方，这个公式从结构上讲并不比 $1=1 \times 1^2$ 更为复杂，却可涵盖物理世界众多复杂的现象而直指宇宙本源。而这两种基本几何秩序不也正是笔者从大量研究中析出的精华吗？它们正是对密斯名言"少即是多"的一种更为深刻的认证。

　　这两种几何建构秩序虽然简单至极，却足以合理地掌控人类基本的建构体系，这种合理性在于它们适得其所地对应于不同的"材料组织"和"建构层次"。以三位大师的建构体系为例，"匀质体系"可以掌控具有匀质本性的材料建构，例如密斯建构体系中的匀质铺য়或赖特混凝土块体系中的匀质混凝土块；对于"建构层次"，它可以掌控具有匀质特征的结构体系或表皮单元，例如赖特草原住宅中的木构门窗框、"美国风"住宅中的木构框架（门窗扇）及密斯表皮上的那些 H 型钢和格构顶棚中的格构梁。对于"井格（间隔）"体系，由于其可明确地在均质空间中制造"区分"和"间隔"，容纳体量，因而，在材料建造指向中它自然孕育了赖特或康的"砌筑"或"混凝土墙柱"等实体要素，而在建构和空间层次中，它则塑造了两者宏观的"结构体系"或实体与空间的界定，从而赋予各自以明确的界限和维度，赖特草原住宅时期以及康对结构——空间体系的处理方式均源于此。

　　在此基础上，三位大师更深刻之处在于他们将这一涉及建造的几何秩序与空间、形式、功能建立起整合的关联，从而使之从建构的法则上升为建筑的法则。而"法则"的强大在于它的无所不在、无所不包，在宏观的建造秩序逻辑之下，三位大师对微观细部的演绎和思辨也异常精彩，同气连枝，由此，它们也成为理解宏观建造法则精深内涵的法门所在，因为法则在纵深上保证了微观细节与整体的同构。最后，在对"秩序的建造"驾轻就熟后，几位大师不约而同地迈向了"秩序的形式"这一新领域。

　　最后笔者以赖特的感悟和训诫来结束本文，赖特说道："*每一个从事创造性工作的人都难免挣扎于令人生厌的比较中（comparison）……因为庸才（inferior mind）只通过比较来学习……但是天才（superior mind）通过分析（analysis）来学习。*"[1]

---

1. Robert McCarter.Abstract Essence Drawing Wright from the Obvious from Robert McCarter edi, On and by Frank Lloyd Wright：A Primer on Architectural Principles. London：Phaidon Press Ltd, 2005：10.

参考文献

一、外文著作

1. Kenneth Frampton.Modern architecture : a critical history. New York : Thames & Hudson，1992.

2. Kenneth Frampton.Studies in Tectonic Culture. Cambridge，Mass : MIT Press，c1995.

3. Kenneth Frampton.Rappel à l'ordre，the Case for the Tectonic，Architectural Design 60，3-4，1990.

4. Edward R Ford.The details of modern architecture. Cambridge，Mass. : MIT Press，c1990.

5. Edward R Ford.The details of modern architecture,1928-1988（vol 2）. Cambridge，Mass. : MIT Press，c 1996.

6. Peter Blake.The Master Builders : Le Corbusier，Mies Van Der Rohe，Frank Lloyd Wright.New York，London，W. W. Norton & Company，1996.

7. Robert McCarter edi.On and by Frank Lloyd Wright : A Primer on Architectural Principles.London : Phaidon Press Ltd，2005.

8. Robert McCarter.Frank Lloyd Wright.London : Phaidon Press Ltd，1997.

9. Jack Quinan.Frank Lloyd Wright's Martin House : architecture as portraiture. New York : Princeton Architectural Press,2004.

10. Sol Kliczkowski.Frank Lloyd Wright，Rockport Publishers，Inc，2003 .

11. Henry-Russell Hitchcock.In The Nature of Materials，The Buildings of Frank Lloyd Wright，De Capo，1973.

12. Diane Maddex.Wright-sized Houses : Frank Lloyd Wright's Solutions For Making Small Houses Feel Big，New York : Harry N.Abrams，Inc，2003.

13. Diane Maddex.Frank Lloyd Wright inside and out.London : Pavilion Books ltd.

14. Iain Thomson.Frank Lloyd Wright : a visual Encyclopedia，Thunder Bay Press（CA）2000.

15. Kathryn Smith.Frank Lloyd Wright : American's Master Architect. Abbeville Press，1998.

16. Robert McCarter.Architecture in Detail : Unity Temple，Frank Lloyd Wright.London : Phaidon Press Ltd，1998.

17. James Steele.Architecture in Detail : Barnsdall House，Frank Lloyd Wright. London : Phaidon Press Ltd，1992.

18. Brian Carter.Architecture in Detail : Johnson Wax Administration Building and Research Tower，Frank Lloyd Wright.London : Phaidon Press Ltd，1998.

19. Bruce Brooks Pfeiffer text. Yukio Futagawa edi&photo，Frank Lloyd Wright : Taliesin West，Tokyo,GA traveler，2002.

20. Bruce Brooks Pfeiffer text, Yukio Futagawa edi&photo，Frank Lloyd Wright : Taliesin，Tokyo,GA traveler，2002.

21. Bruce Brooks Pfeiffer text，Yukio Futagawa edi&photo，Frank Lloyd

Wright：Fallingwater，Tokyo,GA traveler，2002.

22. Bruce Brooks Pfeiffer text，Yukio Futagawa edi&photo，Frank Lloyd Wright：Prairie Houses，Tokyo,GA traveler，2002.

23. Bruce Brooks Pfeiffer text，Yukio Futagawa edi&photo，Frank Lloyd Wright：Usonian Houses，Tokyo,GA traveler，2002.

24. Bruce Brooks Pfeiffer text，Yukio Futagawa edi&photo，Frank Lloyd Wright：Elegant Houses，Tokyo,GA traveler，2002.

25. Bruce Brooks Pfeiffer text，Yukio Futagawa edi&photo，Frank Lloyd Wright：ArchitectureI，Tokyo,GA traveler，2002.

26. Bruce Brooks Pfeiffer text，Yukio Futagawa edi&photo，Frank Lloyd Wright：ArchitectureII，Tokyo,GA traveler，2002.

27. Bruce Brooks Pfeiffer edi.Frank Lloyd Wright：Collected Writings，Volume 1&2.New York：Rizzoli，1992.

28. C.R. Ashbee.Frank Lloyd Wright，A Study and Appreciation，in Frank Lloyd Wright：The Early Work.New York：Horizon，1968.

29. Frank Lloyd Wright，An Autobiography.New York：Barnes & Noble Books，1998.

30. Frank Lloyd Wright,the Life－Work of Frank Lloyd Wright,Wendigen（1925）. New York：Horizon，1965.

31. Eduard F. Seckler，Structure Construction &.Tectonics，in Gyorgy Kepes，Structure In Art And In Science.New York：George Braziller，1965.

32. Gottfried Semper.The Four Elements of Architecture and Other Writings，Trans. Harry Francis Mallgrave and Wolfgang Herrmann.New York：Cambridge University Press，1989.

33. Hilde Heynen.Architecture and Modernity.The MIT Press，1999.

34. Alberto Pérez-Gómez.Architecture and the Crisis of Modern Science. Cambridge，Mass.：MIT Press，1990.

35. Robin Evans，The Projective Cast，Architecture and It 's Three Geometries. Cambridge，Mass.：MIT Press，1995.

36. Robin Evans.Mies van der Rohe's paradoxical symmetries，in Todd Gannon（editor），The Light construction reader. New York：Monacelli Press，2002.

37. Rudolf wittkower.Architectural Principles in the Age of Humanism. New York：W. W. Norton& Company，1971.

38. Collin Rowe.The Mathematics of the Ideal Villa and other Essays.Cambridge，MA：MIT Press，1976.

39. Peter Eisenman.Eisenman Inside Out：Selected Writings，1963-1988. Yale University Press，2004.

40. Le Corbusier.Modular 2（Let the User Speak Next），Anna Bostock and Peter de Francia，trans.London：Faber and Faber，1958.

41. Louis Sullivan.A System of Architectural Ornament.New York：Eakins，1969.

42. Owen Jones.The Grammar of Ornament，1856.New York：Portland House，1986.

43. Mark Wigley，White Walls.Designer Dresses：the fashioning of modern architecture. Cambridge，Mass：MIT Press，1995 .

44. Francisco Asen sio.The architecture of minimalism.Cerver New York，Arco,1997.

45. Adrian Forty.Words and buildings：a vocabulary of modern architecture. New York：Thames & Hudson，2000.

46. Alan Colquhoun.Modern Architecture.Oxford History of Art series, Oxford University Press.

二、中文译著

47. [英]彼得·柯林斯著.现代建筑设计思想的演变(第二版).英若聪译.北京：中国建筑工业出版社，2003.

48. [美]肯尼思·弗兰姆普敦著.现代建筑——一部批判的历史.张钦楠等译.北京：三联书店，2004.

49. [美] 肯尼思·弗兰姆普敦著. 建构文化研究——论 19 世纪和 20 世纪建筑中的建造诗学. 王骏阳译. 北京：中国建筑工业出版社，2007.

50. [英] 尼古拉新·佩夫斯纳等编著. 反理性主义者与理性主义者. 邓敬 王俊等译. 北京：中国建筑工业出版牡，2003.

51. [英] 尼古拉新·佩夫斯纳著. 现代建筑与设计的源泉. 殷凌云等译. 北京：三联书店，2001.

52. [德] 汉诺－沃尔特·克鲁夫特著. 建筑理论史——从维特鲁威到现在. 王贵祥译. 北京：中国建筑工业出版社，2005.

53. [英] 理查德·帕多万著. 比例——科学·哲学·建筑. 周玉鹏等译. 北京：中国建筑工业出版社，2005.

54. [英] 彼得·布伦德尔·琼斯著. 现代建筑设计案例. 魏羽力等译. 北京：中国建筑工业出版社，2005.

55. [美] 戴维·B·布朗宁，戴维·G·德·龙著. 国外建筑与设计系列——路易斯·I·康：在建筑的王国中. 马琴译. 北京：中国建筑工业出版社，2004.

56. [日] 原口秀昭著. 路易斯·I·康的空间构成. 徐苏宁 吕飞译. 北京：中国建筑工业出版社，2007.

57. [日] 原口秀昭著. 世界 20 世纪经典住宅设计. 谭从波译. 北京：中国建筑工业出版社，2005.

58. [意] 布鲁诺·塞维著. 建筑空间论——如何品评建筑. 张似赞译. 北京：中国建筑工业出版社，2006.

59. [意] 布鲁诺·塞维著. 现代建筑语言. 席云平 王虹译. 北京：中国建筑工业出版社，1986.

60. 罗宾·米德尔顿，戴维·沃特金著. 新古典主义和 19 世纪建筑. 邹晓玲等译. 北京：中国建筑工业出版社，2000.

61. [法] 勒·柯布西耶著. 走向新建筑. 陈志华译. 西安:陕西师范大学出版社，2004.

62. [美] 彼得·埃森曼著. 彼得·埃森曼：图解日志. 陈欣欣 何捷译. 北京：中国建筑工业出版社，2005.

63. [英] 艾伦·科洪著 . 建筑评论——现代建筑与历史嬗变 . 刘托译 . 北京：知识产权出版社，2005.

64. [意] 曼弗雷多·塔夫里，弗朗切斯科·达尔科著 . 现代建筑 . 刘先觉等译 . 北京：中国建筑工业出版社，2000.

65. [意] 曼弗雷多·塔夫里著 . 建筑学的理论和历史 . 郑时龄译 . 北京：中国建筑工业出版社，2010.

66. 爱德华·托洛萨著 . 建筑是关于人的故事 . 张婷译 . 世界建筑，2007，2.

67. 卡雷斯·瓦洪拉特著 . 对建构学的思考——在技艺的呈现与缺席之间 . 邓敬译 . 朱涛校 . 原载于 PERSPECTA：The Yale Architectural Journal 杂志第 24 期

三、中文著作

68. 王瑞珠编著 . 世界建筑史（古希腊卷）. 北京：中国建筑工业出版社，2003.

69. 贾倍思 . 型和现代主义 . 北京：中国建筑工业出版社，2003.

70. 陈志华 . 外国建筑史（19 世纪末叶以前）（第二版）. 北京：中国建筑工业出版社，1997.

71. 项秉仁 . 赖特：国外著名建筑师丛书 . 北京：中国建筑工业出版社，1992.

72. 董豫赣著 . 北大建筑 3（绘画·雕塑·文学·建筑）极少主义 . 北京：中国建筑工业出版社，2003.

73. 陈隽，莫天伟著 . 现代建筑细部设计 . 上海：同济大学出版社，2002.

74. 王群 . 解读弗兰普顿的"建构文化研究". A+D，雷尼国际出版有限公司，2001，1&2.

75. 彭怒 . "建构学的哲学"解读 . 时代建筑，2004，6.

76. 彭怒，支文军著 . 中国当代实验性建筑的拼图 . 时代建筑，2002，5.

77. 朱涛 . "建构"的许诺与虚设——论当代中国建筑学发展中的"建构"观念 . 时代建筑，2002，5. 华筑网 .

78. 朱涛 . 信息消费时代的都市奇观——世纪之交的当代西方建筑思潮 . 建筑学报，2000，10.

79. 莫天伟，卢永毅 . 由"Tectonic 在同济"引起的——关于建筑教学内容与教学方法、甚至建筑和建筑学本体的讨论 . 时代建筑，2001，S1.

80. 许轲 . 关于"建构"的访谈 .A+D，2001，1.

81. 张利，姚虹 .HPP 与德国现代建筑的理性主义传统 . 世界建筑，2000，7.

82. 李翔宁，当代欧洲极少主义建筑评述 . 时代建筑，2000，2/2000，3.

83. 朱竟翔，王一峰，周超 . 空间是怎样炼成的 . 建筑师，2004，第 106 期 .

84. 史永高 . 隐匿与显现——材料的建造与空间双重属性之研究 . 申请东南大学工学博士学位论文 .

图片来源

第一章

图 1-1，图 1-3：Robert McCarter，Frank Lloyd Wright，London，Phaidon Press Ltd，1997.

图 1-2：Robert McCarter edi，On and by Frank Lloyd Wright：A Primer on Architectural Principles，London，Phaidon Press Ltd，2005.

第二章

图 2-1~图 2-4，图 2-16，图 2-22~图 2-24，图 2-26，图 2-29，图 2-30，图 2-37，图 2-41，图 2-43：Iain Thomson，Frank Lloyd Wright：a visual Encyclopedia，Thunder Bay Press（CA）2000.

图 2-5~图 2-11,图 2-20,图 2-27,图 2-28,图 2-31,图 2-36,图 2-38,图 2-39,图 2-42,图 2-45,图 2-48~图 2-50,图 2-59,图 2-75,图 2-98,

图 2-101：Robert McCarter，Frank Lloyd Wright，London，Phaidon Press Ltd，1997.

图 2-13~图 2-15，图 2-17，图 2-18，图 2-25，图 2-44，图 2-57，图 2-58：Robert McCarter edi，On and by Frank Lloyd Wright：A Primer on Architectural Principles，London，Phaidon Press Ltd，2005.

图 2-32，图 2-40：项秉仁.赖特：国外著名建筑师丛书.北京：中国建筑工业出版社，1992.

图 2-34，图 2-46，图 2-47：Diane Maddex，Wright-sized Houses：Frank Lloyd Wright's Solutions For Making Small Houses Feel Big，New York，Harry N.Abrams，Inc，2003.

图 2-51~图 2-54，图 2-70，图 2-71，图 2-89，图 2-97，图 2-100，图 2-104，图 2-110，图 2-113：Edward R Ford，The details of modern architecture. Cambridge，Mass.：MIT Press，c1990.

图 2-60，图 2-62，图 2-63，图 2-66，图 2-68，图 2-72~图 2-74，图 2-78，图 2-79，图 2-99，图 2-102，图 2-106，图 2-107，图 2-109：Jack Quinan，Frank Lloyd Wright's Martin House：architecture as portraiture，New York，Princeton Architectural Press,2004.

图 2-67，图 2-84，图 2-94，图 2-111，图 2-114，图 2-115：Bruce Brooks Pfeiffer text，Yukio Futagawa edi & photo，Frank Lloyd Wright：Prairie Houses，Tokyo,GA traveler，2002.

图 2-12,图 2-19,图 2-21,图 2-33,图 2-35,图 2-55,图 2-56,图 2-61，图 2-64，图 2-65，图 2-69，图 2-76，图 2-77，图 2-80~图 2-83，图 2-85~图 2-88,图 2-90~图 2-93,图 2-95,图 2-96,图 2-103,图 2-105,图 2-108，图 2-112，图 2-116~图 2-118：笔者绘制、整理.

第三章

图 3-1，图 3-6，图 3-8~图 3-10，图 3-15，图 3-17，图 3-21，图 3-33，图 3-37~图 3-39，图 3-43：Robert McCarter，Frank Lloyd Wright，

London，Phaidon Press Ltd，1997.

图 3-2，图 3-3，图 3-25，图 3-27，图 3-31，图 3-35：Edward R Ford，The details of modern architecture. Cambridge，Mass.：MIT Press，c1990.

图 3-4，图 3-5，图 3-7，图 3-13，图 3-18，图 3-29，图 3-32，图 3-34，图 3-41，图 3-45：Kathryn Smith，Frank Lloyd Wright：American's Master Architect. Abbeville Press，1998.

图 3-35，图 3-40，图 3-42：项秉仁.赖特：国外著名建筑师丛书.北京：中国建筑工业出版社，1992.

图 3-11,图 3-12,图 3-14,图 3-16,图 3-19,图 3-20,图 3-22~图 3-24,图 3-26，图 3-28，图 3-30，图 3-36，图 3-44：笔者绘制、整理.

第四章

图 4-1，图 4-3，图 4-55，图 4-56，图 4-57：Kathryn Smith，Frank Lloyd Wright：American's Master Architect. Abbeville Press，1998.

图 4-2，图 4-4，图 4-12，图 4-16，图 4-29：Robert McCarter，Frank Lloyd Wright，London，Phaidon Press Ltd，1997.

图 4-5,图 4-6,图 4-8~图 4-10,图 4-11,图 4-15,图 4-17,图 4-18,图 4-21~图 4-23，图 4-27，图 4-30~图 4-37，图 4-39~图 4-44，图 4-46~图 4-54：Bruce Brooks Pfeiffer text，Yukio Futagawa edi&photo，Frank Lloyd Wright：Usonian Houses，Tokyo,GA traveler，2002.

图 4-7：项秉仁.赖特：国外著名建筑师丛书.北京：中国建筑工业出版社，1992.

图 4-13，图 4-14，图 4-19，图 4-38：Edward R Ford，The details of modern architecture. Cambridge，Mass.：MIT Press，c1990.

图 4-20：[英]彼得·布伦德尔·琼斯著.现代建筑设计案例.魏羽力等译.北京：中国建筑工业出版社，2005.

图 4-24~图 4-26，图 4-45，图 4-58：[日]原口秀昭著.《世界 20 世

纪经典住宅设计》. 谭从波译 . 北京：中国建筑工业出版社，2005.

图 4-28：笔者绘制、整理 .

第五章

图 5-1， 图 5-2， 图 5-42， 图 5-44：Iain Thomson，Frank Lloyd Wright：a visual Encyclopedia， Thunder Bay Press（CA）2000.

图 5-3， 图 5-5~ 图 5-8， 图 5-10， 图 5-12~ 图 5-16：Robert McCarter，Architecture in Detail：Unity Temple，Frank Lloyd Wright，London，Phaidon Press Ltd. 1998.

图 5-19~ 图 5-23， 图 5-29， 图 5-30， 图 5-33：Robert McCarter，Frank Lloyd Wright，London，Phaidon Press Ltd，1997.

图 5-24，图 5-26，图 5-43，图 5-45~ 图 5-48，图 5-53~ 图 5-56：Kathryn Smith，Frank Lloyd Wright：American's Master Architect. Abbeville Press，1998.

图 5-34~ 图 5-38，图 5-40，图 5-41，图 5-49，图 5-50：Ann Pfeiffer Chapel，Tokyo,GA traveler，2002.

图 5-25:[日] 原口秀昭著 . 路易斯·I·康的空间构成 . 徐苏宁 吕飞译 . 北京：中国建筑工业出版社，2007.

图 5-51， 图 5-52：Brian Carter，Architecture in Detail：Johnson Wax Administration Building and Research Tower，Frank Lloyd Wright，London，Phaidon Press Ltd. 1998.

图 5-4，图 5-9，图 5-11，图 5-17，图 5-18，图 5-27，图 5-28，图 5-31，图 5-32，图 5-39：笔者绘制、整理 .

附表：赖特建构体系分类汇总分析表，笔者绘制、整理。

后记：
重回空间

　　建筑归根结底是连接人与外在环境的中介载体，是人类世界的第三极。对内，建筑为人提供功能庇护，创造空间体验；对外，建筑与外在环境和谐共融，共同构成物质世界。老子在几千年前就已阐明了其虚实辩证的本体存在，即在本质上建筑是空间及实体的二元构成，实则是辩证统一的整体。塞克勒在《结构、建造与建构》一文结尾处的总结颇为智慧："在建筑理论中，'建构'如同其他已被离析出来、已被特别讨论的元素一样亦将成为讨论的众矢之的，之前被大书特书的自然是'空间'。但我们必须铭记，无论什么一旦为了分析的目的，被以一种刻意地评论范式从整体中离析出来，它就难逃孤立（片面）。就'建构'论建筑同就'空间'论建筑一样都只能看到庐山一面。就像心理学的发展从孤立的阐释，如'移情'向超越复杂分裂的整合'格式塔'心理学晋升一样，建筑理论也必须向将分裂的建筑经验整合为一的方向发展。无论对于建筑的创造抑或判断而言，那种从存在的整体出发最终又归于存在的整体的尝试将会是成功地，它既不纯然受制于意识也不完全服从于智力分析。"[1]

如果说笔者"秩序与建造"系列研究是涉指建筑中实体建构的话，那么我尤其不希望由此让我们将其与空间对立起来，两者实则是辩证统一的整体。例如，密斯的匀质建造体系实则是其匀质空间（水平板式空间）创造的不二法门，在这里，实体建造与空间体完美同构；而笔者按"并置"、"阵列"、"集中"、"散落"和"连缀"五种方式所呈现的康的建造秩序系统其实更多的是其空间构成系统，而其"间隔"式的建造秩序同时也营造了不同空间单元的间隔主从秩序；赖特在草原住宅时期开创的"十"字形"井格"秩序系统实则是为瓦解古典集中式空间进而创造与自然更加肌肤相亲的现代流动空间而进行的革新。

纵观三位大师毕生的建筑探索，他们在演绎了精彩的建造秩序的同时更加开创了前无古人的空间体验。外在上，密斯从流动空间向匀质空间的迈进看似重又回归了辛克尔提炼的古典纪念性秩序，但其对空间四围的解放第一次彻底打开了古典空间的禁闭，让建筑空间在水平纬度内与外在环境一脉融通，无限延展，开创了崭新的现代空间体验，而这一方向至今仍被当代最前卫的后辈大师们继续践行挖掘。康用现代技术转译古典秩序看似缺乏空间创新，然其先哲般地提出"空间想成为什么"的冥想，从而赋予机械的物理空间以场所生命，进而唤醒人与自然最内在与原始的生命知觉。而赖特的有机建筑空间更是几乎在一夜之间瓦解了古典空间与外在环境的二元对立和静态围簇的内在格局，积极地通过界面的开敞和丰富的层次与自然环境水乳交融，即赖特和密斯的空间创造一脉相承地在建筑空间与外在环境的互动上开创了新天地，而康在空间与人的精神连接上延展了深度。

事实上，纵观人类建筑的发展历程，它首先是一部在尊重的基础上不断突破物质环境限制拓展生存可能的空间创造历程，从古典到哥特再到现代主义的宏观变迁可为佐鉴。现代以降，柯布西耶的"新建筑五点"在辅

---

1. Eduard F. Seckler, Structure Construction &.Tectonics, in Gyorgy Kepes, Structure In Art And In Science, New York : George Braziller, 1965.

佐其形式意图之外，在空间创造上几乎每一点都与古典范式针锋相对，归根结底是对古典空间环境体验的突破反转从而开创崭新的空间存在；库哈斯大费周章地用"程序"（Program）去肢解现代主义功能体系进而实现了对现代主义空间范式的乾坤大挪移；近年来，以日本为首的一些前卫建筑师力图超越现代主义，用各异的方式瓦解现代主义的空间状态和固有价值，力图创建建筑与人和自然间全新的弥合关系和主客互动。凡此种种努力和探索弗论其立论是否稳固，做法是否偏颇，结果是否成功，然其出发点之根本均在空间之革新以开拓人类存在的知觉体验，虽有博取功名之嫌，但本质上还是源于建筑师的深刻反思，但须申明，真正有力的反思必须是建立在对前在成果切身透彻理解之上的，否则就成了为革命而革命的"革命小将"。

反观我国近年来的建筑城市发展，难免让人有些唏嘘。毫无疑问，近三十年以至以后若干年间，我们必将完成人类历史上前所未有的疯狂建设，然其品质和内容却是值得质疑的。就目前的现状而言，主流的商业民用建筑开发被特殊体制下的利益价值所绑架，建筑空间成为经济利益的粗暴堆叠，人性与自然在其中被蒙蔽扭曲。在这一畸形的城市化过程中由经济利益裹挟的城市生长更新沦为简单粗暴的圈地运动，非人性的巨大尺度车行道路将城市切割成一个个巨型孤岛，原本作为城市"客厅"供人们休憩交流以体验城市的街道、广场等公共空间被拥堵不堪、乌烟瘴气的车道和毫无人性的行政广场取代，由此，传统以人为本、互动交流的城市性几已沦丧。在孤岛内，地产商与建筑化妆师们狼狈媾和在攫取利益的前提下为人们粗劣地描画着如布景般的鄙俗梦境，由此原本单纯、健康的人性逐渐萎靡扭曲于其中。这样的利益孤岛如同天煞降临一样风卷残云般地吞噬着大地、良田、山岳、植被。城市如同核爆一样铺天盖地地蔓延开来，我们将如何找回我们的绿色和乡愁？面对如此境况，建筑师显得如此无助，正所谓"皮之不存，毛将焉附"，城市和自然的沦丧让建筑失去了场所创造的依托。

而国内建筑势力的另一极端力量，即所谓的实验建筑师或先锋建筑师们固然需要对前一种情境保持着孤傲地批判和不屑，并用他们看似独特的实践和理论相互借力并试图与国际大哥们勾肩搭背以彰显其高深脱俗。他们虽然在某些局域做出了一些有价值的探索，但由于其好高骛远的本性难免华而不实，即他们在沉溺于那些玄虚的细枝末节时并没有意识到诸如空间、建造、环境、人的体验等建筑基本问题其实还远没解决甚至被他们故弄玄虚的枝节扭由异化。

痛定思痛，我们必须回到事物的本来价值，思考我们到底要怎样的生活、怎样的城市、怎样的发展，探讨人类发展与自然生态的极限，回归人性与自然本身，用真诚的空间、建造去创造我们真正可以幸福栖居的建筑和城市。

本文是在笔者博士论文《几何的建构——赖特、密斯和路易斯·I·康的建筑法则》基础上修改完善而成。在此，首先要感谢已仙逝的导师莫天伟教授，从师八年，先生务实严谨、孜孜不倦的工作和治学态度已渗入我的言行；他淡定从容、乐观宽厚的处世态度也时常舒展我的心胸。有些难以释怀的是导师在弥留之际仍在追问这本书的情况，然而由于我的懒惰和工作的繁忙竟未能让他在生前看到此书的出版，希望这迟到的成果能作为对先生的一丝告慰。

对家人的感激更多的是一种愧疚。首先感谢我年迈的父母，年逾六旬的他们至今仍两地奔波、辛苦劳作为我操持家务，他们给我的是最无私的爱和包容。感谢爱妻陈冰，她的开朗、乐观让我在清苦甚至抑郁的研究和工作中还能看到生活的阳光。转眼间，小女已经四岁，她带给我的快乐是无与伦比的，她的可爱与灵性让我知道任何完美的建筑也无法企及人类本性。总之，是家人的支持和宽容让我可以全身心地投入对建筑的思考和实践，而我由此对他们的关爱缺失何尝不是对他们的一种伤害。还要感谢在论文写作及评审阶段给我很多鼓励和意见的专家和老师，他们是刘先觉教授、丁沃沃教授、项秉仁教授、王骏阳教授、卢永毅教授、蔡永杰教授、张健教授、武云霞教授。最后要感谢《建筑师》杂志的易娜女士，是她的热诚帮助促成了本系列丛书的出版。

　　最后，我要说，建筑学赋予了我人生前进的方向和意义，敬爱的师长和挚爱的亲朋不断地给予了我前进的动力和生活的关爱，有了这一切，我是幸运的！

汤凤龙

2014 年 9 月